· 老年宜居环境建设系列丛书 ·

老年宜居环境建设知识读本

全国老龄工作委员会办公室　编

U0322737

华龄出版社

责任编辑：程 扬

责任印制：李未圻

图书在版编目（CIP）数据

老年宜居环境建设知识读本/全国老龄工作委员会
办公室编 . —北京：华龄出版社，2018.9
  ISBN 978-7-5169-1275-1

Ⅰ．①老… Ⅱ．①全… Ⅲ．①老年人－居住环境－中
国－通俗读物 Ⅳ．①D669.6-49②X21-49

中国版本图书馆 CIP 数据核字（2018）第 217051 号

书　　名：老年宜居环境建设知识读本
作　　者：全国老龄工作委员会办公室　编

出 版 人：胡福君
出版发行：华龄出版社
地　　址：北京市东城区安定门外大街甲 57 号　邮　　编：100011
电　　话：58122246　　　　　　　　　　传　　真：58122264
网　　址：http：//www.hualinggpress.com

印　　刷：北京市大宝装潢印刷厂
版　　次：2018 年 9 月第 1 版　　2018 年 9 月第 1 次印刷
开　　本：720×1020　1/16　　　　　　印　　张：14.75
字　　数：200 千字
定　　价：58.00 元

前　言

习近平总书记指出"有效应对我国人口老龄化，事关国家发展全局，事关亿万百姓福祉。"党的十九大报告中提出："构建养老、孝老、敬老政策体系和社会环境，推进医养结合，加快老龄事业和产业发展。"在全面建设小康社会、建设社会主义现代化强国的进程中，如何积极应对人口老龄化、实现国家治理现代化，成为必须直面的重大课题。营建适宜人的全生命周期发展、增强老年人获得感、幸福感、安全感的社会生活环境，成为了新时代赋予老龄工作的使命任务。

一、老年宜居环境建设是老龄工作的重大理念和实践创新

2006 年，世界卫生组织提出"老年友好城市"的理念。2009 年，全国 15 个城市（城区）开展了"老年友好城市、老年宜居社区"试点。2011 年，国务院印发《中国老龄事业发展"十二五"规划》，对老年友好城市、老年宜居社区的建设工作作出了具体部署。2012 年，新修订的《中华人民共和国老年人权益保障法》新增了"宜居环境"专章，明确规定了"国家推动老年友好型城市和老年宜居社区建设"。这意味着建设老年宜居环境、老年友好型城市、老年宜居社区已经上升到法律保障层面。从提出老年宜居环境

建设的理念到推动立法只用了短短的 4 年时间。2016 年，全国老龄办等 25 个部委制定出台了《关于推进老年宜居环境建设的指导意见》，这是我国第一个关于老年宜居环境建设的指导性文件，以"老年宜居环境建设"新理念为中心，完整提出了推进老年宜居环境建设工作的指导思想、基本原则、任务目标、保障措施等一整套内容，清晰描绘了老年宜居环境建设的时间表、路线图、任务书。

我国吸收借鉴国际先进理念，立足本国国情，顺应人口老龄化形势新变化和老龄事业发展新要求，从引入理念开展试点切入，推动老年宜居环境工作不断深入开展，使老年宜居环境建设新理念的内涵不断丰富拓展，老年宜居环境建设新理念的实践不断创新发展。可以说，老年宜居环境建设工作是我国老龄工作参与、促动世界应对人口老龄化的重大理念和实践创新成果。

二、老年宜居环境建设对老龄事业具有现实而深远的影响

长期以来，我国社会的运行和发展的人口结构基础相对年轻，城乡社会建设、基础设施建设大多基于年轻人的需要，没有预先考虑到老龄社会的特点要求，也没有充分考虑到老年人对居住生活环境的特殊需要，缺乏长远的、战略性规划指导。因此，必须抓住当前应对人口老龄化的有限窗口期和新型城镇化的推进加速期，尽早准备，合理规划，加快推进老年宜居环境建设。

第一，老年宜居环境建设是提升老年人生命生活质量的重要保证。习近平总书记指出，"我们的人民热爱生活，期盼有更好的教育、更稳定的工作、更满意的收入、更可靠的社会保障、更高水平的医疗卫生服务、更舒适的居住条件、更优美的环境"。宜居环境

建设反映了人民对美好生活的向往。环境对老年人的影响是最多元、最直接的，既包括具体的设施，也包括老年人与社会的联系，直接影响老年人的生活质量和身心健康。老年宜居环境建设立足于我国人口老龄化的基本国情，从老年人的根本利益出发，围绕老年人生活中面对的突出困难和障碍，从支持性硬件环境和包容性社会因素两方面出发，最大限度地保证老年人生活独立、功能维持和社会参与、社会融入，提升全体公民老年期生活质量。

第二，老年宜居环境建设是积极应对人口老龄化的战略举措。习近平总书记指出，要适应时代要求创新思路，推动老龄工作向主动应对转变，向统筹协调转变，向加强人们全生命周期养老准备转变，向同时注重老年人物质文化需求、全面提升老年人生活质量转变。这是站在时代高度的战略判断。应该说，经过多年努力，全社会的老龄意识大为增强，但应对人口老龄化绝大部分工作还停留在解决养老问题，还没有上升到应对人口老龄化的战略高度上来认识、来谋划，老年人居住条件、公共服务、社区环境、权益维护、社会参与等方面暴露出的环境问题越来越突出。老年宜居环境建设恰是一个可以凝聚多方共识、承载多方力量的战略举措：在理念方面，领先、综合、适用，为各方所认可；在硬件方面，有项目、有效益、有实绩，能够创造性地把握；在软件方面，契合时代、符合传统、应和需求，全社会都能响应，有利于实实在在构建老龄工作大格局，将现有的老龄工作和老龄事业向前、向上推进一步。

第三，老年宜居环境建设是稳增长、促改革、调结构、惠民生的重要力量。人口老龄化既是我国未来发展过程中的人口国情，也是经济国情。我国经济发展进入新常态，不仅面临风险和挑战，也蕴藏着各种机遇。随着经济转型和社会发展，人口需求的多样化必将推动以人为本的各种事业和产业的升级换代。电动椅代替手摇车，电梯房代替楼梯房，智能化代替人工化等发生在养老服务市场的需求，将以安全、便利、舒适为体验要求，带动设施设备和服务标准更加适宜老年人，创造更多的价值，带动经济增长。这样的经济增长将是时代赋予老龄工作的时代愿景，值得我们主动适应新常态、引领新常态，在加强老年宜居环境建设过程中，推进老龄事业与产业融合发展。

三、共同建设安全、便捷、舒适的老年宜居环境

老龄社会背景下的老年宜居环境建设必须站在老年群体的立场与角度，真正以老年人为本，在城乡规划和建设的各个环节，自动自觉地根据老年群体的生理和心理特性，建设适合老年人需求的社会软硬件生活环境，促进老年人与其他年龄层的共融发展。随着人口老龄化的快速发展，老年人口将逐渐成为人口结构主体，老年宜居环境建设应引起更加足够的重视，真正以人的全生命周期为出发点，将适老宜居的理念渗透到城乡规划和建设的各个环节。

当前，我国老年宜居环境建设的主要任务是营建适老居住环境、适老出行环境、适老健康支持环境、适老生活服务环境、敬老社会文化环境等方面。主要体现：一是安全性，突出老年人对居住环境的安全性要求，完成好对老年人住宅进行适老化改造、支持适老住宅建设等任务；二是可及性，突出老年人对出行环境的可及性要求，完成好强化住区无障碍通行、构建社区步行路网、发展适老公共交通等任务，保障老年人出得了门，到得了想去的地方；三是整体性，突出老年人对健康支持环境的整体性要求，不仅要优化老

年人就医环境，更要注重满足老年人的养生保健和康复护理需求，完成好提升老年健康服务科技水平的建设任务；四是便利性，突出老年人对生活服务环境的便利性要求，完成好加快配套设施规划建设、健全社区生活服务网络、加强老年用品供给、发展老年教育、构建适老信息交流环境等建设任务；五是包容性，突出老年人对社会文化环境的包容性要求，完成好营造老年社会参与支持环境，弘扬敬老、养老、助老社会风尚，倡导代际和谐社会文化等建设任务，为老年人更好地融入社会、参与社会创造条件。

为更好地宣介老年宜居环境建设理念，促成全社会老年宜居环境的最大共识，全国老龄工作委员会办公室组织编写了"老年宜居环境系列丛书"，聚焦现阶段老年宜居环境建设的基础知识和主要任务，明确突出问题和重点领域，强调老年宜居环境建设不是对社会环境改造和建设提出的全部要求，而是结合我国国情针对老年人生活中的突出困难和障碍提出的重点改造和建设要求；不是老龄社会理想环境体系建设的终极目标，而是立足当前提出的近期能做且能做好的阶段性目标；不是从建设规模出发给出的老年宜居环境建设工作的量化目标，而是从老年人需求出发制定的通用要求。

《老年宜居环境建设知识读本》是老年宜居环境系列丛书的第一册，重在面向全社会普及基础知识。老吾老以及人之老。让我们藉此而努力，共同营建安全、便利、舒适的老年宜居环境，优化提升人人关注、全民参与的良好社会氛围，持续改善适宜老年人的居住环境、安全保障、社区支持、家庭氛围、人文环境，不断消除老年人融入社会、参与社会的障碍，打造形成一批各具特色的老年友好城市、老年宜居社区，共建共享"不分年龄、充满活力、人人共享"的老龄社会。

目　录

第一章　国际老年友好城市建设理念

人口老龄化和城市化是人类社会发展的产物，也是重要的挑战。使城市更具有老年友好性对促进城市老年人生活幸福和保持城市繁荣都是必需的。

一、提出背景

（一）世界人口正在迅速老龄化

联合国《世界人口展望（2017 年修订版）》的数据显示，全球 60 岁及以上人口增长速度超过年轻群体。2017 年，全球 60 岁以上人口约 9.62 亿，占全球人口 13％，且每年以 3％左右的速度增长。目前，欧洲 60 岁及以上的人口所占比例最大（占 25％）。快速老龄化的现象在世界其他地区同样存在。到 2050 年，全球除非洲以外所有地区 60 岁及以上人口将接近甚至超出三分之一。全球老年人口数量在 2030 年将达 14 亿，2050 年达 21 亿，2100 年上升至 31 亿。到 2050 年，全球 80 岁及以上人口数量预计增长三倍，即从 2017 年的 1.37 亿增长至 2050 年的 4.25 亿，到 2100 年，将增长至 9.09 亿，是 2017 年的近 7 倍。

（二）生活在城市的老年人口越来越多

1950 年，全球城市人口仅有 7 亿多，到 2014 年增加到了 39 亿，到 2045 年，世界城镇人口预期将超过 60 亿，绝大部分增加的城镇人口将集中在亚洲和非洲，未来城镇人口增加最多的是印度、中国和尼日利亚。[①] 与此同时，更多的老年人也将生活在城市。在发展中国家，居住在城市的老年人比例将会增加 16 倍，从 1998年的 5600 万人增加到 2050 年的超过 90800 万人。到那时，在欠发达国家，居住在城市的老年人比例将达到四分之一。[②]

（三）原居安老成为主流养老方式

从世界各国发展状况来看，实现原居安老，让老年人尽可能长时间地生活在所熟悉的环境，已经成为国际主流共识与模式，它既有经济的原因，也有文化的原因。然而"典型"的老年人并不存在，老年人的健康和需求状态具有多样性，有些老年人拥有很好的身体机能和脑力，但有些却可能体弱多病或需要很大的支持才能满足其基本需要。[③] 因此，原居安老是一项非常复杂且具有个性化的任务，需要全面性的规划和准备，移除会限制老年人正常生活和社会参与的障碍，创建良好的支持性社区生活环境，满足不同老年人群的原居安老的需求。

在人口老龄化背景下，城市规划建设管理必须考虑人口年龄结构的变化，使城市更具友好性，提供适合老年人的城市空间和服务，为老年人在地老化提供必要的社区物理环境与人文环境保障。这对于增进老年人福祉和保持城市繁荣都是十分必要的。

二、理念形成

在全球人口老龄化背景下，世界卫生组织（WHO）在 2002年提出"积极老龄化"政策框架，其目标在于确保老年人能按照自己的需求、愿望和能力去参与社会，继续成为家庭和社会的有益资

---

① 联合国新闻. 世界城镇化展望报告：到 2050 年世界城镇人口将再添 25 亿. http：//www. un. org/chinese/News/story. asp？NewsID＝22160.

② 世界卫生组织. 全球老年友好城市建设指南. 2007.

③ 世界卫生组织. 关于老龄化与健康的全球报告. 2015.

源。根植于积极老龄化的理念，WHO 开展了阳光老年计划，通过优化健康条件、参与机会和安全环境，促进老年生活质量提高。阳光老年计划取决于与个人、家庭和国家相关的各种因素，不仅包括物质条件也包括影响人们行为和情感的社会因素，这些因素相互影响，对老年人发挥重要作用。城市环境和服务的许多方面反映了这些因素，成为了老年友好型城市特征的一部分。①

2005 年世界卫生组织首次推出老年友好城市建设项目，旨在推动各国建设老年友好的城市环境，帮助城市老年人保持健康与活力，消除参与家庭、城市和社会生活的障碍。2007 年，WHO 基于对世界 22 个国家的 33 个城市开展老年人城市生活调查，设计了一套便于城市进行自我评估和规划发展的指导性手册——《全球老年友好城市建设指南》，该建设指南涵盖了户外空间和建筑、交通、住房、社会参与、尊重和社会包容、公众参与和就业、交流和信息、社区支持和卫生保健服务等 8 个领域，旨在提供包容的、可接近的城市和社区环境，以促进城市形态向年龄友好型发展。

三、基本内涵

WHO 将老年友好城市界定为"能够防止和纠正人们在变老的过程中越来越多地遇到各种问题的城市"。城市建设和管理者应对老年人的偏好及对生活方方面面的需求做出预见，并将其充分地反映到城市规划建设中。因此，老年友好城市是一个完整社会系统结构，指向社会生活的不同方面，这些不同类型的环境交互影响和渗透，构成了环境建设的连续统一体。老年友好城市蕴含着三个维度的友好关系。

第一，环境友好。老年人对家庭、社区、社会来说都是一种资源，我们需要为老年人提供良好方便的城市物理环境、社会文化环

---

① 世界卫生组织. 全球老年友好城市建设指南. 2007.

境和社会服务环境，以弥补由于社会和自身生理变化带来的不便。促进老年人的健康维护和社会参与，提升老年期生活质量，使人们以积极态度面对老年。

第二，代际友好。老年友好城市并不是单单针对老年人，而是面向所有人，因而老年友好城市和社区建设不仅是要最大限度地保障老年人的生活独立、功能维持和社会融入，让老年人能尽可能长时间地生活在所熟悉的环境，还要促进不同年龄世代和社会群体之间的互动、包容和共享，让所有人都更加容易获得服务和机会。

第三，政策友好。老年友好型城市应当使它的设施和服务更具有可及性，更多地考虑老年人的需求和能力。这就需要多方面的经济政策和社会政策的支持，推进积极老龄化融入城市规划、城市建设和城市治理中。建设老年友好城市的关键在于通过各种政策来减少老年人在使用各种城市设施、享受服务以及获得机会上的不平等性，让不同老年群体进入老年期后仍能享有健康活力、安全便捷的生活。作为满足老年人基本需求的必要条件，健全完善的社会保障制度是老年友好城市和社区建设的基础。

四、建设主题

《全球老年友好城市建设指南》主要涵盖 8 个方面的主题：户外空间和建筑、交通、住房、社会参与、公众参与和就业、尊重和社会包容、交流和信息、社区支持和卫生保健服务。

八个建设主题可划归为物理环境、社会文化环境和社会服务环境三种环境类型。这八个主题相互交叉、相互影响，如尊重和社会包容可以在建筑物和空间可及性上反映出来，也可以从城市给予老年人社会参与、娱乐和就业的机会中反映出来。

1. 户外空间和建筑、交通、住房三个主题构成城市物理环境，是老年人主要活动空间，涉及家庭环境、社区环境以及公共环境。无论老年人在家还是出门都能处于安全便利无忧的生活环境，对老年人的独立自理、社会参和身心健康都有重要影响。

2. 社会参与、尊重和社会包容、公众参与和就业三个主题构成了老年人生活的社会生活环境。尊重和社会包容涉及他人和社会对老年人的态度、行为和舆论环境；社会参与涉及老年人在休闲娱乐、社会活动、文化教育等方面的活动情况。公众参与和就业则反映了工作机会（包括有偿和无偿）。

3. 社区支持和卫生保健服务、交流和信息两个主题，主要从公共服务方面对老年友好城市的特征进行了概括。社区支持和健康服务主要是为老年人提供卫生保健服务、长期照护及其他保护性社会服务，以保障老年人的健康和独立。老年人普遍害怕缺乏信息交流而被社会边缘化，信息交流就是要让老年人通过交谈、电视、广播、报纸、手机、计算机和互联网等各种渠道获得及时有效的信息，满足社会参与和交流需求。

五、主要特征

可及。一是住房可及性。居住条件的好坏是安全和健康的决定性因素之一。老年友好城市建设需要推行可负担的住所，并根据老年人的特点和需求进行房屋设计和改造，提升老年人的居住满意度。二是交通可及性。能否在城市中自由活动是社会参与和利用城市公共服务的前提条件。老年友好城市应为包括老年人在内的所用人安全便捷地到达各种场所创造良好的出行环境。三是公共服务可及性。城市公共服务和设施的可及性体现在服务的距离、时间、内容、方式、价格等方面是否便于老年人利用服务，使其能安享晚年。

健康。老年人的健康和照护是人口老龄化过程中最突出的问题。老年友好城市的建设应以人的健康为中心，让健康福祉覆盖全社会、全生命周期。一是注重建成环境对健康的影响。通过住宅、绿地和公园、公交站、商业服务设施等建筑和场所的建设和改造，以及步行道、自行车道、机动车道的选址与设计，在增进老年人居住舒适感的基础上，促进老年人体力活动和社会参与，从而增进老年人的身心健康。二是提供可负担的、协调良好的卫生保健和支持服务。医务人员具备基本的老年学及老年医学专业技术，以及提供卫生保健服务所需的综合能力，包括沟通技巧、团队合作、信息技术等。以老年人群健康服务需求为中心，提供公平可及、系统连续的预防、治疗、康复、健康促进等整合性健康服务。

参与。老年人的知识、技能、经验和优良品德是社会宝贵的财富。老年人参与经济社会生活，既能发挥他们的专长和作用，还能享受尊敬和尊重，并保持或建立必要的社会交往关系。老年友好城市的参与性体现在为老年人提供参与更多丰富多样活动的机会。老年友好城市的参与性还体现在鼓励居民特别是老年人参与到老年友好城市建设当中，使老年人有更多的影响力和话语权。

安全。环境安全是老年人最基本也是最重要的要求。在老年友好城市的规划建设中，将安全性贯彻其中显得尤为重要。从室内到室外、从物理空间到社会心理空间、从硬件设施到信息软件技术，应尽量避免各种不安全因素及潜在性危险，为老年人日常生活和社会活动提供安全的环境。[①]

加强老年友好城市和社区建设已经成为世界各国应对人口老龄化和城镇化双重趋势的共同策略。从各国建设实践来看，不同国家和地区有着不同用语，但目的都在于创造老年友好的环境，并且都非常注重基于证据来选择和确定老年友好城市建设的本土化指标。基于建设指南，WHO 在 2010 年启动了全球老年友好城市和社区网络行动。通过这一平台，世界卫生组织把全世界共同承诺更加关爱老年人的城市和社区联系在一起，促进它们之间的信息、知识和经验交流，并提供技术支持和培训，帮助各城市确定干预措施是恰当的、可持续的和具有成本效益的。参与该网络的城市和社区分散在世界各个地区，它们在不同的文化和社会经济环境中致力于不断提高环境的年龄友好程度，调整机构、政策、环境和服务以便包容具有不同需求和能力的老年人并方便他们使用。目前，这一网络已经包括全球 37 个国家的 541 个城市和社区，中国齐齐哈尔也在其

---

① 李小云. 面向原居安老的城市老年友好社区规划策略研究 [D]. 广州：华南理工大学，2012.

列。为推动全球老年友好城市的建设，2015 年世界卫生组织发布了《衡量城市关爱老人的程度：核心指标使用指南》，用来监测和评价城市在推进老年友好环境建设方面的工作成效，进而促成进一步的社会承诺和行动。

第二章　我国老年宜居环境
建设的实践探索

"凡益之道，与时偕行。"我国吸收借鉴国际先进理念，立足本国国情，顺应人口老龄化新形势和老龄事业发展新要求，从引入理念开展试点切入，不断推动老年宜居环境建设工作深入开展。老年宜居环境建设既关乎当前，也关乎未来，既关乎老年人生活，也关乎经济社会发展，是积极应对人口老龄化的战略举措，也是我国老龄工作主动参与、积极促进应对人口老龄化的重大理念和实践创新成果。

一、形势日益迫切

我国正处于快速人口老龄化进程当中。截至 2017 年末，中国 60 周岁及以上人口达到 2.41 亿人，占总人口的 17.3％。[①] 到 2025 年，我国老年人口将达到 3.08 亿，超过总人口的 1/5，2050 年达到 4.83 亿，超过总人口的 1/3，80 岁以上高龄老人也将增加到 1.08 亿。[②] 同时，我国正处于快速城镇化过程中，2016 年常住人口城镇化率达到 57.35％，户籍人口城镇化率达到 41.2％。[③] 城乡人口老龄化发展趋势存在较大差异，农村老年人口数量在 2035 年左右达

---

① 国家统计局 . 2017 年国民经济和社会发展统计公报 . 2018－02－28.
② 人口老龄化态势与发展战略研究课题组 . 国家应对人口老龄化战略研究，人口老龄化态势与发展战略研究 ［M］. 北京：华龄出版社，2014.
③ 发改委 . 2016 年常住人口城镇化率达到 57.35％ . 中宏网 . 2017－07－11. http：//www.zhonghongwang.com/show－170－50397－1.html.

到峰值后呈明显的负增长趋势，而城市老年人口仍然继续增加，在2055 年达到峰值后下降趋势并不明显。[①] 虽然居住在农村的老年人口会越来越少，但是农村的老龄化水平却不断加深。在快速人口老龄化和新型城镇化的背景下，我国老年人的居住和生活环境面临很多突出的问题。

住宅不适老问题突出。2015 年第四次中国城乡老年人生活状况抽样调查数据显示，接近六成（58.7%）的城乡老年人认为住房存在不适老问题。超过三成（34.5%）的城市老年人住在 20 世纪90 年代之前建成的老旧住房里，而这些老旧住房适老化问题普遍比较突出。由于相当多的老旧住房没有电梯，外出活动、看病就医对一些腿脚不便的老年人来说成为一件难事，不得不成为"室内老人"。据报道，北京市 6 层以下老旧住宅中有 25 万个单元门没有电梯，其中只有 15 万个单元门具备加装电梯的客观条件，而住宅加装电梯面临的难度很大。[②]

老年人照料设施适老宜居性亟待提升。由于建设理念落后、相关经验不足、上下游产业发展尚不成熟等原因，我国有大量老年人照料设施项目没能做到环境的"适老化"，在规模配置、环境品质、服务动线等方面既难以满足老年人的生活照料需求，也不符合服务人员的运营服务需求，造成入住老人生活质量不够好、设施运营效率不够高等问题。随着生活水平的不断提高，老年人对照料设施环境品质的要求会不断提高。那些让人感到不安全、不舒适、居住品质差的老年人照料设施，将很难满足今后老年人的生活照护需求。所以，提高当前老年人照料设施的"适老化"水平，就是为未来的长期照护需求的爆发期打好重要的硬件基础，对我国社会养老服务体系的建设具有

---

① 人口老龄化态势与发展战略研究课题组．国家应对人口老龄化战略研究，人口老龄化态势与发展战略研究［M］．北京：华龄出版社，2014.
② 北京老旧住宅试点加装电梯．新华每日电讯 5 版．2017-06-21. http：//news. xinhuanet. com/2017－06/20/c＿1121179470. htm.

重大意义。

老年人出行困难重重。由于我国的城市交通环境建设很少考虑到老年人的需要,我们的身边充斥着对老年人不够友好的交通环境,造成老年人出行困难。滴滴发布的《2016年老人出行习惯调查报告》显示:在调查的50岁到70岁的老人中,有80%经常遇到出行难的问题。在他们看来,频繁换乘、大量步行和路边打不到车,是出行面临的最主要问题。

可见,我国城乡社会建设大多基于年轻人口的需要,对老年人的特殊需求考虑不够,甚至完全忽略。随着人口老龄化的快速发展,在居住环境、公共交通、公共服务、社会参与和社会文化环境等方面暴露出的问题越来越突出,成为积极应对人口老龄化的重大风险因素。在新型城镇化过程中,人口将进一步向城镇快速集聚,城镇的养老需求也将迅速扩张,这就要求新型城镇化建设必须融入老年宜居环境的理念,避免形成新的"问题环境"。正如自然环境破坏一样,人居环境问题一旦形成,改造起来难度大、成本高。因此,我们必须充分认识老年宜居环境建设的紧迫性和必要性,抓住当前应对人口老龄化的有限窗口期和新型城镇化的推进加速期,尽早准备、合理规划,加快推进老年宜居环境建设工作。

二、开展建设试点

响应国际社会号召,顺应我国人口老龄化形势新变化和老龄事业发展新要求,全国老龄办于2009年9月正式启动了老年宜居环境建设试点工作。综合各方面情况,全国老龄办选取了经济比较发达、老龄工作基础较好的东部沿海和东北7个省份的15个城市(城区)试点。各试点城市(城区)结合自己本地实际,深入扎实地推进老年友好城市(城区)建设的试点工作。

表 2-1　试点城市（城区）名单

试点省份	试点城市（城区）
辽宁省	营口市鲅鱼圈区
黑龙江省	齐齐哈尔市 齐齐哈尔市建华区
上海市	杨浦区 长宁区 黄浦区 浦东新区
江苏省	南京市玄武区 南京市鼓楼区 苏州市金阊区 海门市
浙江省	湖州市
山东省	青岛市 新泰市
广西省	梧州市

（一）建立健全创建工作组织架构，完善工作机制

老年宜居建设是一项系统工程，需整合各层面相关资源，形成合力。试点城市（城区）在老龄委的框架下，建立完善了工作机制。

一是建立了创建工作决策机制。试点城市（城区）立足现有的老龄委成员部门，成立了城市（城区）主管领导同志负责、多部门组成的试点协调机构或领导小组。如齐齐哈尔市成立了由市委书记、市长任组长，22 个委办局"一把手"为成员的"全国老年友好城市"建设工作领导小组，并责成市老龄办建立机制，分解任务，落实责任，采取措施，推动试点工作稳妥开展。青岛市

建立了以市委主要领导为总召集人、有 67 家成员单位组成的试点工作联席会议制度，试点工作得到了市委、市政府的高度重视和大力支持。"做好全国老年友好城市试点工作"写入了 2010 年市政府工作报告，作为年度重点工作目标，由政府督查室全程督办。上海市黄浦区增补区环保局、区绿化和市容管理局、区建设和交通委员会、区市政管理委员会为区老龄委成员单位，进一步加强老龄委的协调功能，以确保各项试点工作目标的贯彻落实。

二是建立了创建工作协调机制。建立创建工作领导小组后，试点城市（城区）相应建立创建工作协调机制，成立创建工作联席会议，由各地老龄办负责工作中的联络协调。有的还成立专门办公室，配备专职工作人员，加强了对这项工作的统筹规划和协调。老龄工作部门也充分发挥自身优势，加强综合协调，不断拓宽工作思路，协调各社区及成员单位解决建设过程中出现的问题和矛盾，积极探索建设工作的管理机制和运行模式，保证了试点工作的顺利进行。

三是建立了创建工作信息沟通机制。为便于及时解决创建工作中遇到的问题，交流共享创建工作中好的经验，多数地方建立了信息交流共享机制。上海市长宁区为确保建设工作的相关信息，及时沟通，情况及时上传下达，建立了联络员队伍，主要是把上级和领导小组有关建设工作的指示、要求，各单位在建设中履职情况，遇到的困难及解决的办法等信息通过联络员会议及时沟通，然后按照各司其职的要求加以解决。其他试点城市（城区）也多以信息简报形式，定期将创建工作的经验做法向各成员单位报送。也有的定期召开创建工作经验交流会，将成熟经验向其他地方推广。

四是建立了创建工作专家咨询机制。湖州市和营口市鲅鱼圈区不仅成立了建设工作领导小组和建设工作办公室，还聘请相关专家学者和退休老同志组成专家咨询组，为建设工作出谋划策。

（二）建立创建标准体系，保证工作的规范高效

各试点城市根据全国老龄办编制的《老年友好城市建设指南》（试行稿），结合当地实际，研究编制了本地的《老年友好城市建设指南》，并且配套出台了《实施方案》《指标体系》《考核标准》和《评估细则》等一系列文件，促进了创建工作的标准化、规范化、精细化。

湖州市在听取专家组建议，深入调查论证的基础上，制定了《试点工作实施方案》《评定标准》《考核标准》和《评估细则》等文件，落实到 30 个责任部门。青岛市市委、市政府印发了《全国老年友好城市试点工作实施方案》和《全国老年友好城市建设及评价性指标体系（试行）》，将指标体系涉及的 100 项目标责任落实到 67 个责任部门。上海市长宁区在"幸福养老"指标体系的基础上，制定了《关于创建全国"老年友好型城区"试点的实施意见》。2017 年，上海市发布实施地方标准《老年宜居社区建设细则》，推动老年宜居环境建设迈上一个新台阶。南京市玄武区发布了《关于创建老年宜居社区的实施意见》，制订了相应的行动方案，将老年宜居社区建设作为推动全区社会事业转型发展、跨越发展的重要突破口。

（三）加强宣传发动，营造良好的创建氛围

在创建工作中，各试点地高度重视宣传发动，积极营造良好的创建氛围。浙江湖州市通过加强舆论宣传和扩大群众参与，启动和落实"五个一"系列活动，在全社会营造浓厚的建设氛围。上海浦东新区借鉴湖州市创建宣传经验，也进行了"五个一"系列活动，即抓好一批环境宣传、举办一次评选活动、编印一本宣传手册、起草一封公开信、开展一次竞赛活动。为了总结建设试点工作以及全区各街道各委员单位老龄工作的经验，浦东新区还拍摄了《敬老春风暖浦东——浦东新区"十一五"老龄工作巡礼》的资料片，编印

了浦东新区建设"全国老年友好城区"画册，开展了有声有色有图的宣传工作。

（四）实施具体创建项目，确保工作取得实效

老年友好城市（城区）建设不是单纯的传播理念，更重要的是在创建过程中，使老年人真正受益，使老年人在创建中真正实现共建共享。在创建过程中，各试点城市（城区）结合自身实际，实施了一系列为老服务重大工程和活动。如，齐齐哈尔实施了"百万职工敬老工程""青春助老'鸟还巢'工程"和"'七色玫瑰'敬老工程"；上海市长宁区将推进"幸福养老"建设作为加强社会建设、创新社会管理的一项重要举措，编制了"幸福养老"指标体系，并开展了"五项关爱"活动和"百企助百老"等创建活动。青岛市将"打造老年友好城市、建设宜居幸福青岛"列入《青岛市国民经济和社会发展第十二个五年规划纲要》。浙江湖州市实施了"五水共治"工程和"空巢关爱工程"。这些项目和活动的实施使老年人得到了实实在在的实惠，受到了老年人的普遍欢迎，获得了良好的社会反响。

（五）增强区域互动，促进创建经验交流共享

在创建工作过程中，全国老龄办依据试点工作的总体部署，两次召开了试点工作经验交流会，为试点城市（城区）搭建了一个相互交流的平台，取得了很好的效果。各地也注意研究和总结正反两方面的经验教训，从中获得规律性的认识，进而调整实施方案，保障试点工作顺利开展。一些试点单位还自发地开展相互学习，相互借鉴，交流经验，取长补短，减少了试点工作中的弯路和失误。如上海市长宁区在创建期间，与青岛市、营口市、苏州、湖州等试点市（区）积极开展互动交流，吸收借鉴良好的创建思路和做法，针对创建工作存在的瓶颈和问题，商议研究应对措施。上海浦东新区"全国老年友好城区"建设领导小组组织试点街镇及相关工作人员

先后赴上海市杨浦区、江苏省南京市、湖州市等地进行了学习考察，重点学习了先进地区的工作方法和内容。

三、纳入《中华人民共和国老年人权益保障法》[①]

基于试点基础并经广泛讨论，2012 年新修订的《中华人民共和国老年人权益保障法》（以下简称《老年法》），新增了"宜居环境"专章。这是本次修法的亮点和突破，也是含金量最高的法条。老年宜居环境建设从提出理念到实现立法只用了短短 4 年时间，社会重视程度和政府推动力度之大，这在世界其他国家也是不多见的。

2012 年新修订的《老年法》将老年宜居环境单列一章，有利于凸显宜居环境建设的重要性，并且可以相对集中地就老年宜居环境的总体特点、规划要求、规范体系、工作重点、政府责任、社会参与等做出比较全面的规定，为下一步制定完善老年宜居环境建设的相关政策法规和推进时间做出原则性的指引。

（一）明确了老年宜居环境的基本要求

修订后的《老年法》第六十条规定："国家采取措施，推进宜居环境建设，为老年人提供安全、便利和舒适的环境。"安全、便利和舒适，是老年人对环境宜居性的基本要求，概括反映了老年人对环境的特殊需要，同时也最大限度地满足了年轻人口对环境的通用性要求。"安全"是老年宜居环境建设中最基本的要求，既包括社会政治性的安全，如周边环境的社会治安状况，也包括生产技术性安全，如各种涉老工程的设计和建设严格遵循国家有关安全生产的技术规程和标准规范。"便利"是老年宜居环境建设中最重要的

---

① 全国人大内司委内务室等. 中华人民共和国老年人权益保障法读本［M］. 华龄出版社，2013（3）.

体现，体现在老年人对各种设施获取的便利程度以及各种服务设施的可进入性上。"舒适"是老年宜居环境建设中最高的要求。舒适的老年宜居环境要求居住空间形态和环境不仅具有物理上的无障碍和可进入性，还要有好的亲情关爱和医疗照护，良好的生态环境是老年宜居环境中的奢侈性要素。

（二）明确了政府推进宜居环境建设的主要职责

一是对老年宜居环境建设规划作了更明确的规定。修订后的《老年法》第六十一条规定："各级人民政府在制定城乡规划时，应当根据人口老龄化发展趋势、老年人口分布和老年人的特点，统筹考虑适合老年人的公共基础设施、生活服务设施、医疗卫生设施和文化体育设施建设。"这一原则规定为加强老年宜居环境建设提供了有力的规划保障。二是完善标准体系并加强相关标准的实施与监督。修订后的《老年法》第六十二条规定："国家制定和完善涉及老年人的工程建设标准体系，在规划、设计、施工、监理、验收、运行、维护、管理等环节加强相关标准的实施与监督。"我国关于老年宜居环境建设已经出台了一系列基础性的标准，为我们推进老年宜居环境建设提供了基本依据。今后需要围绕这些基础性标准，对其进一步丰富和细化，逐步形成覆盖规划、设计、施工、监理、验收、运行、维护、管理等全过程和所有环节的完善标准体系。

（三）明确了老年宜居环境建设的重点工作

一是加强无障碍环境建设。随着身心功能的退化，老年人可能并存不同程度且多重的功能障碍，例如视觉缺损、听觉缺损及行动不便等，处于多重不便的情况。事实上，拖着巨大行李的游客、带着小孩的家长、腿脚不便或是受伤的年轻人都有可能遭遇移动性受到限制的经历。修订后的《老年法》第六十三条规定："国家制定无障碍设施工程建设标准。新建、改建和扩建道路、公共交通设施、建筑物、居住区等，应当符合国家无障碍设施工程建设标准。

各级人民政府和有关部门应当按照国家无障碍设施工程建设标准，优先推进与老年人日常生活密切相关的公共服务设施的改造。无障碍设施的所有人和管理人应当保障无障碍设施正常使用。"

二是深入开展老年宜居社区建设。大部分老年人都生活在社区，社区宜居环境是老年宜居环境的微观基础，是实现老年人原居安老的基本保障。建设老年宜居社区，支持老年宜居住宅的开发，老年人家庭无障碍设施的改造，就是以社区为基础，不断加大工作力度，逐步落实各项老龄法规政策，使老年人居住环境、社区服务设施硬件建设持续改善、社区管理和服务水平有效提高，尊老敬老助老的社会氛围日益浓厚。修订后的《老年法》第六十四条规定："国家推动老年宜居社区建设，引导、支持老年宜居住宅的开发，推动和扶持老年人家庭无障碍设施的改造，为老年人创造无障碍居住环境。"

四、出台专项指导意见

2016 年，全国老龄办、发展改革委等 25 个部委共同制定出台了《关于推进老年宜居环境建设的指导意见》（全国老龄办发〔2016〕73 号）（以下简称《指导意见》），这是我国第一个关于老年宜居环境建设的指导性文件，明确了老年宜居环境建设的基本原则、发展目标、重点任务和保障措施。

《指导意见》作为我国老年宜居环境建设的第一个文件，具有四个特点：一是层次高，文件由全国老龄办、发改、财政、国税、国土、住建、民政、卫计、残联等 25 个国家相关部委联合会签，发文部门多、层次高。二是立意新，文件首次全面清晰地提出了"老年宜居环境建设"新理念，指出环境建设要充分考虑人口老龄化因素、适合人口老龄化社会发展的新要求，充分考虑老年人身心特点、满足老年人的使用需求。三是内容全，文件以"老年宜居环境建设"新理念为中心，完整提出了推进老年宜居环境建设工作的指导思想、基本原则、任务目标、保障措施等一整套内容，清晰描绘了老年宜居环境建设的时间表、路线图、任务书。四是任务实，文件结合我国国情，提出了 5 大板块、17 个子项重点建设任务，各项建设任务都紧扣当前老年人生活中的突出困难和障碍，内容涵盖了老年人生活的方方面面，既包含"住、行、医、养"等硬件环境建设任务，也包含了敬老风尚等社会软环境建设任务。

老年宜居环境建设专项指导意见出台后，国务院办公厅印发《关于全面放开养老服务市场提升养老服务质量的若干意见》，明确提出要加强老年宜居环境建设，做好无障碍和适老化改造，提高老年人生活便捷化水平。《"十三五"国家老龄事业发展和养老体系建设规划》将推进老年宜居环境建设列为主要任务之一。

五、形成标准体系框架

在过去的近二十年间，我国已初步建立起了从设施规划到建筑设计领域，针对老年人设施及老年人居住环境的包含国家标准、行业标准和地方标准在内的工程建设标准体系框架，为我们推进老年宜居环境建设提供了基本的依据。在实际工作中，要进一步明确各项标准的监督实施，确保有关标准规范得到落实。

表 2-2　我国现行与老年人居住环境相关的国家标准

标准编号	标准名称	适用范围	实施日期
JGJ450－2018	老年人照料设施建筑设计标准	新建、改建和扩建的设计总床位数或老年人总数不少于 20 床（人）的老年人照料设施	2018 年 10 月 1 日
GB50180－93（2016 年版）	城市居住区规划设计规范	城市居住区的规划设计，并主要适用于新建区	2016 年 8 月 1 日

标准编号	标准名称	适用范围	实施日期
GB50763—2012	无障碍设计规范	全国城市新建、改建扩建的城市道路、城市广场、城市绿地、居住区、居住建筑、公共建筑及历史文物保护建筑等	2012 年 9 月 1 日
GB50096—2011	住宅设计规范	全国城镇新建、改建和扩建住宅的建筑设计	2012 年 8 月 1 日
建标 144—2010	老年养护院建设标准	老年养护院的新建、改建和扩建工程	2011 年 3 月 1 日
建标 143—2010	社区老年人日间照料中心建设标准	社区老年人日间照料中心的新建工程，改建和扩建工程项目可参照执行	2011 年 3 月 1 日
GB50437—2007（修订中）	城镇老年人设施规划规范	城镇老年人设施的新建、扩建或改建规划	2018 年 6 月 1 日

第三章　老年宜居环境建设路线图

《关于推进老年宜居环境建设的指导意见》（全国老龄办发〔2016〕73号）（以下简称《指导意见》）以新理念为中心，完整提出了推进老年宜居环境建设工作的指导思想、基本原则、任务目标、保障措施等一整套内容，清晰描绘了我国老年宜居环境建设的时间表、路线图和任务书。

一、理念内涵

老年宜居环境建设是指适应人口老龄化形势的发展要求，为促进社会生活环境从"成年型"向"全龄型"转变，妥善解决人口老龄化带来的社会问题，着力发展有利于老年人保持健康、独立和自理，融入社会、参与社会的硬件设施环境和社会文化因素，为老年人平等参与社会生活提供必要条件，同时也为各年龄层的其他社会成员提供和谐共融的整体环境。这一新理念有两个重要内涵：一是环境建设要充分考虑人口老龄化因素，适合人口老龄化社会发展的新要求，立足当前，着眼长远，体现前瞻性、科学性与整体性。二是环境建设要符合老年人身心特点，满足老年人的使用需求，方便可及又适用易用，能增强老年人幸福感、获得感，提升老年人生活生命质量。

二、发展目标

到2025年，老年宜居环境建设的总目标是老年宜居环境体系基本建立，在硬件设施方面"住、行、医、养"等硬件设施环境更加优化；在社会文化方面，敬老养老助老社会风尚更加浓厚。四项具体目标是：

理念普遍树立。老年群体的特性和需求得到充分考虑，人人关注、全民参与老年宜居环境建设的良好社会氛围逐步形成。

支持性环境不断优化。老年人的居住环境、安全保障、社区支持、家庭氛围、人文环境持续改善，老年人能够尽可能长地生活在熟悉的环境中，最大限度地保持健康、活力、独立。

包容性环境逐渐改善。人们以积极的姿态面对老年群体，老年人融入社会、参与社会的障碍不断消除，老年人信息交流、尊重与包容、自我价值实现的有利环境逐渐形成。

建设工作普遍开展。各地普遍开展老年宜居环境建设工作，形成一批各具特色的老年友好城市、老年宜居社区。

三、基本要求

修订后的《老年法》第六十条规定："国家采取措施，推进宜居环境建设，为老年人提供安全、便利和舒适的环境。"具体来说，老年宜居环境建设要体现出安全性、可及性、整体性、便利性和包容性这"五性要求"。

安全性。突出老年人对居住环境的安全性要求，完成好住宅进行适老化改造，支持适老住宅建设等任务。

可及性。突出老年人对出行环境的可及性要求，完成好强化住区无障碍通行、构建社区步行路网、发展适老公共交通等任务，保障老年人出得了门，到得了想去的地方。

整体性。突出老年人对健康支持环境的整体性要求，优化老年人就医环境，满足老年人的养生保健和康复护理需求，提升老年健康服务科技水平。

便利性。突出老年人对生活服务环境的便利性要求，完成好加快配套设施规划建设、健全社区生活服务网络、加强老年用品供给、发展老年教育、构建适老信息交流环境等建设任务。

包容性。突出老年人对社会文化环境的包容性要求，完成好营造老年社会参与支持环境，弘扬敬老、养老、助老社会风尚，倡导代际和谐社会文化等建设任务，为老年人更好地融入社会、参与社会创造条件。

四、重点任务

现阶段老年宜居环境建设的主要任务是结合我国国情针对老年人生活中的突出困难和障碍提出的重点改造和建设要求，包括建设适老居住环境、适老出行环境、适老健康支持环境、适老生活服务环境、敬老社会文化环境这五个大的方面。主要围绕当前老年人生活中面对的突出困难和障碍，紧扣"环境"这个关键词，着眼于发展更有利于老年人保持健康、独立的硬件支持环境和更有利于老年人融入社会、参与社会的社会文化环境，明确了近期能做，且能做好的重点建设任务。

适老居住环境，考虑到老年人的生理特性和反应能力，老年人生活环境的首要因素是安全，特别是其住宅环境的安全应急功能应予以优先考虑。安全性是当前适老居住环境建设的重点。为此，《指导意见》提出：对老年人所居住住宅进行适老化改造，加装防护扶手、防滑地板、坐浴椅等防跌倒装置，紧急呼叫和监护网络等紧急救助装置，提升安全系数，降低风险。支持适老住宅建设，对开发老年公寓、老少同居的新社区和有适老功能的新型住宅提供相应政策扶持，开发通用住宅方便老年人和子女共同居住，使老年人得到更好的安全照护和亲情陪伴。

适老出行环境，老年人与社会连接的前提是老年人可以出得了门，到得了到想去的地方，"阳光出行"。可及性是当前适老出行环境建设的重点。为此，《指导意见》提出：强化住区无障碍通行，对坡道、楼梯、电梯、扶手等公共建筑节点进行改造。构建社区步行路网，在老年人活动最多的社区，为老年人和各年龄人群提供平整安全的步行道路。发展适老公共交通，在公共交通和出行通道为老年人出行提供便利，保障安全的前提下，减少障碍和不可及区域。完善老年友好交通服务，在有条件的地区，为老年人提供必要的休憩空间和绿色通道，也为其他年龄人群提供通用的方便设施。

适老健康支持环境，老年人的健康需求是最大需求，相对于其他年龄群体，老年人的健康需求不仅仅体现在医疗上，更体现在养生保健和康复护理上。整体性是当前适老健康支持环境建设的重点。为此，《指导意见》提出：在医养结合的基础上，建设老年人健康整体支持环境。一是优化老年人就医环境，加强老年医疗服务资源与网点体系建设，推进基层医疗卫生机构和医务人员参与社区、居家养老，鼓励医疗卫生机构与养老机构开展对口支援、合作共建。二是提升老年健康服务科技水平，开展智慧家庭健康养老示范应用，发展生物医学传感类可穿戴设备，开发各类诊疗终端和康复治疗设备，运用现代信息技术搭建社区、家庭健康服务平台，使用先进的科技手段为老年人提供实时监测、长期跟踪、健康指导、评估咨询等健康管理服务。

适老生活服务环境，目前我国生活服务设施的建设较少考虑人口老龄化因素，更少考虑老年人实际使用需求，老年人群体一些必要的生活服务尚未得到满足，便利性是当前适老生活服务环境的建设重点。为此，《指导意见》提出：加快配套设施规划建设，同步设计规划适合老年人生活特点和需求的配套设施。加强公共设施无障碍改造，加强对商场、公园、景区等与老年人日常生活密切相关的公共设施的无障碍设计与改造。健全社区生活服务网络，利用物流、家政等服务业，开发老年人适用的用品，为老年人生活提供便利。构建适老信息交流环境，消除老年人通过网络等信息渠道获取资讯的障碍。加强老年用品供给，重点设计和研发老年人迫切需求的食品、医药用品、日用品、康复护理、服饰、辅助生活器具、老年科技文化产品。大力发展老年教育，结合多层次养老服务体系建设，改善基层社区老年人的学习环境，完善老年人社区学习网络。

敬老社会文化环境，老年宜居环境不仅包括适老的支持性的生活设施环境，也包括包容、支持老年人融入社会的文化软环境。包容性是当前敬老社会文化环境建设的重点。为此，《指导意见》提出：营造老年社会参与支持环境，倡导老年人自尊自立自强，鼓励老年人自愿量力、依法依规参与经济社会发展，以积极的态度看待老年人，破解制约老年人参与经济社会发展的法规政策束缚和思想观念障碍。弘扬敬老、养老、助老社会风尚，开展"敬老养老助老"主题教育活动，开展老龄法律法规普法宣传教育，反对和打击对老年人采取任何形式的歧视、侮辱、虐待、遗弃和家庭暴力。倡导代际和谐社会文化，完善家庭支持政策，巩固家庭养老功能，加强家庭美德教育，开展寻找"最美家庭"活动和"好家风好家训"宣传展示活动，实现家庭和睦、代际和顺、社会和谐。为老年人创造良好的社会生活氛围，更好地融入社会和获得认同，参与社会，实现自我价值提供条件。

需要强调的是，老年宜居环境建设任务不是从建设规模出发给出的量化指标，而是从老年人需求出发提出的通用性要求。各地可根据当地人口老龄化形势及经济社会发展水平对这些任务要求进行细化，不设一种模式、不搞一个标准，因地制宜，讲求实效，创造性地设置建设任务，推动老年宜居环境建设工作稳妥有序地深入开展。

五、建设路径

老年宜居环境建设是一项跨部门、跨领域、长远性的系统工程，不是一个部门能抓得了的，也不是一个阶段性的工作。做好这样一项工作，要聚焦问题、精准发力、突出重点、循序渐进。

（一）率先抓好指导意见的宣传工作

25 部委《关于推进老年宜居环境建设指导意见》，是一个加强老年宜居环境建设的顶层设计，全国老龄系统上下共同努力，历时两年征求意见反复修改而成，凝聚了大家的智慧，来之不易。各地一定要把文件精神宣传好，通过各类媒体，特别是新媒体、自媒体，把新思想与新形势结合起来，把新理念与新发展结合起来，把新实践与新典型结合起来，广泛宣传，引导共识，努力提升各年龄人群对老年宜居新理念的切身感受和真实体验，营造全社会支持、参与老年宜居环境建设的良好氛围，使人人既是老年宜居环境建设工作的参与者，又是建设成果的受益者。

（二）重点推动规划的编制与实施工作

做好老年宜居环境建设，规划是先导、是关键。要高度重视提早规划、提前布局的重要性，针对未来的人口老龄化形势做出前瞻安排，少走弯路。各地老龄工作部门要主动发挥老龄委的综合协调作用，加强与规划、建设部门沟通，将老年宜居环境建设纳入城乡建设规划及相关专项规划，以规划带动老年宜居环境建设工作的全面开展。

各地城镇体系规划、城市规划、镇规划、乡规划和村庄规划中均要逐步明确和体现老年宜居环境建设的基本要求。长远来看，应在今后《城乡规划法》的修订中，补充明确老年宜居环境理念阐述和总体要求。明确和完善各类公共设施规划，特别是养老服务、医疗卫生、公共文化、公共体育、公园绿地等涉老服务设施老年宜居环境方面的规划要求，并抓好规划过程控制。

（三）先行做好适老化改造工作

老年宜居环境建设既要抓长远，也要抓当前，要统筹兼顾，远近结合，近期可以先行从适老化改造工作着手。宁波、上海、南京、湖州等地，都将困难老年人家庭住宅的安全性、便利性的适老化改造，作为老年宜居环境建设的重要内容，这是很好的经验。各地老龄工作部门要树立问题导向，积极推动相关职能部门实事求是，因地制宜，从解决老年人最不宜居、最不方便的环境问题出发，抓住老旧城乡、社区、楼房改造的机会，先行试点示范，以点带面，积累经验，逐步推开。

（四）持续做好试点示范和研究工作

老年宜居环境建设是一个创新的成果，也是一项全新的工作，全社会对之认识还很有限，要加强试点示范和研究工作。各地要因地制宜、聚焦问题，开展老年友好城市、老年宜居社区、适老化改造等试点示范工作。通过试点示范，破解难题、总结经验、推动工作。要加强与高校、科研院所的合作，设立专门研究课题，对老年宜居环境建设有关问题进行深入研究，加强实践创新，加强工作研究，进一步丰富创新老年宜居环境建设的理论和实践成果，推动老年宜居环境建设工作全面协调可持续开展。

第四章　老年人居住建筑

居住建筑（Residential Building）是指供人们日常居住生活使用的建筑物，包括住宅、别墅、宿舍、公寓等。随着经济社会的发展和人民生活水平的提高，居住建筑的设计理念从最初只是为了解决有无居住场所的问题，逐步开始向注重居住的安全性、便利性和舒适性转变，越来越注重精细化住宅设计。老龄社会背景下，强调针对老年人的专项住宅设计也应运而生。

老年人居住建筑是专为老年人设计，供其起居生活使用，符合老年人生理、心理及服务要求的居住建筑，特指按套设计的老年人住宅、老年人公寓，及其配套建筑、环境、设施等。

> **定义和分类**
>
> 老年人住宅：供以老年人为核心的家庭居住使用的专用住宅。
>
> 老年人公寓：供老年夫妇或单身老年人居家养老使用的专用建筑，配套相对完整的生活服务设施及用品，一般集中建设在老年人社区中，也可在普通住宅区中配建。[①]

一、目前老年人居住环境存在的问题

（一）硬件环境不适老因素多

城市老旧小区的人口老龄化率要远高于新建小区，居住不适老

---

① 　老年人居住建筑设计规范（GB50340－2016）［M］.北京：中国建筑工业出版社.2017.

问题则更为突出。由于建设年代和建设标准制约，老旧住宅套内居住面积往往较小，尤其是卧室、卫生间，没有考虑到老年人失能后照护人员的照护工作面积需求等，且后期很难进行无障碍改造。此外，老旧住宅普遍很少考虑地面防滑问题（图 4-1），使得老年人发生安全事故的可能性增加。走道和门洞口亦较为狭窄，疏散逃生时易造成安全隐患。绝大多数老旧住宅没有配备电梯等竖向交通辅助设施（图 4-2），一些老年人腿脚不灵便，上下楼较为困难。

图 4-1　老旧住宅楼内地面材质未考虑防滑（李昊天拍摄）

图 4-2　老旧住宅入口缺乏辅助设施（陈军拍摄）

　　较老旧小区，近些年来新建小区在空间布局、家具部品①等方面都已有一定程度的改善，然而仍有不足。例如近年来随着居住水平的提高，居室内面积相对扩大，为需要照护的老人提供了空间，然而也出现了由于进深过大而带来的室内采光不充足等问题（图4-3）。虽然新建住宅普遍为三件套卫生间，但仍很少考虑干湿分离，地面湿滑、存在高差也是导致老年人跌倒的安全隐患之一（图4-4、图4-5）。

图 4-3　新建住宅客厅进深过大而采光不足（白振霞、张建军拍摄）

图 4-4　新建住宅卫生间面积充足而未考虑干湿分离（郑安迪拍摄）

图 4-5　新建住宅卫生间淋浴房地面存在高差（郭滢拍摄）

————————————

　　①　家具部品是辅助日常生活的用具，其中部品主要包含坐便器、洗面台、橱柜等厨房洗浴用品及各类无障碍扶手、灯具、墙地面材质等用品。

（二）维护管理意识有待加强

调研过程中我们发现，除了居住环境软硬件条件外，由于住房者使用习惯问题，造成住宅室内空间布局不适宜、储藏空间不足不当等问题，进而影响室内光线和通风，降低居住安全性与舒适性，而且存在安全隐患（图4-6、图4-7），一部分家具尺寸参数不适宜老年人使用（图4-8）。还有一些住户在住宅楼公共空间内摆放私人杂物，当真正灾情发生需要逃生时，由于疏散通道空间被占用，严重影响周围居民的安全疏散（图4-9）。目前住宅管理制度尚未健全，致使存在安全隐患的细节问题未能得到及时解决，除楼道公共空间堆放杂物情况外，还存在照明被破坏、室外环境高差处理不当、地面不平整等问题。杜绝这些现象的发生，不仅需要尽快建立住宅管理制度，也有待于居住者生活观念意识的提升。

图 4-6　储藏空间垒放堆砌现象
（李昊天拍摄）

图 4-7　卧室空间摆放日常用品现象
（李昊天拍摄）

图 4-8　客厅放置地毯现象
（李扬淑拍摄）

图 4-9　楼内公共空间摆放私物现象（陈军拍摄）

可见，我们目前的居住环境对于老年人的行为特点和使用需求考虑较少，随着人口老龄化形势的不断发展，现有居住环境中不适老、不安全的矛盾日益显现。这样的矛盾来自于硬件环境，也来自于居住者生活习惯的各个方面，消除这些隐患和障碍，建设一个适合老年人需求的居住环境，将会是一个全面改善、不断深化的过程。在这一过程中，老年居住环境开发和设计者运用所掌握的专业知识予以有效引领尤显重要。

（三）常见的安全隐患

2013 年，中国建筑设计研究院主持十二五国家科技支撑计划课题"社区适老性规划、建筑设计技术研究与示范"，天津大学依托该课题在北京、天津、上海、广州等 12 座大中城市 100 个典型社区开展的调查显示，老年人发生在宅伤害的比例是比较高的（图4-10），其中伤害发生最多的是厨房、卫生间等用水空间区域（表4-1），相关安全隐患需引起关注。

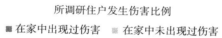

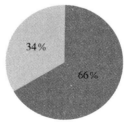

图 4-10　适老性实态调查所调研住户中发生
在宅伤害的比例①

表 4-1　在宅伤害发生地点、比例、危险类型及相应原因

地点	厨房	卫生间	卧室	客厅	阳台	其他
例数	414	366	75	135	17	27

① 十二五国家科技支撑计划，社区适老性实态调查研究报告。

地点	厨房	卫生间	卧室	客厅	阳台	其他
比例	40.0%	35.4%	7.2%	13.1%	1.6%	2.6%
危险类型	烫伤、滑倒、磕碰	滑倒、磕绊	绊倒、磕碰	磕碰	绊倒	
原因	使用家电物品受伤地面有高差	干湿不分离	地板隆起空间布局不当	家具选择及空间布局不当	地面有高差	

　　因阳台周边地面高差问题而致使老年人发生安全跌伤的可能性较高，由此造成老人卧床不起的案例频发。我们以北方老旧住宅中阳台及周边空间（厨房、起居室、储藏间、书房及卧室）结合的部位来说明老年人在空间使用中可能发生的安全隐患及生活不便的问题。

　　以阳台与厨房空间的衔接处空间为例（图 4-11），居住者从厨房走到阳台，再回厨房的流线过程中，可能有开关冰箱、搬运食

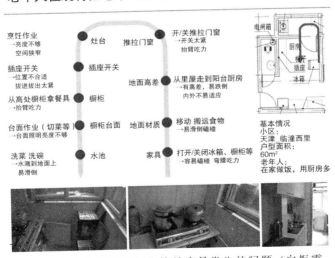

图 4-11　阳台与厨房空间衔接处容易发生的问题（白振霞、
　　　　张建军拍摄、余漾绘制）

物、进入阳台、开关窗、烹饪、插拔插座、利用高橱柜、橱柜台面作业、洗涤等一系列动作。对于年龄较大的老年人来说，动作幅度和速度普遍会有一定程度的减小，这时阳台入口的地面高差可能会增加居住者跌伤的风险，抬臂从高橱柜取拿物品、在橱柜上烹饪洗涤作业、甚至插拔电源插座开关和开关推拉门窗也会有吃力的现象。若地面材质未注意湿滑，洗涤池的水溅到地面上极易造成人员滑倒跌伤。若室内的照明亮度未达到要求，也会影响老年人在室内的一系列动作和心理感受。

以阳台与储藏间的衔接处空间为例（图 4-12），居住者在储藏间兼阳台的空间内走动的流线过程中，可能有开关窗、开关冰箱、烹饪、橱柜台面作业、晾衣物和搬运食物等一系列动作。在相关空间内将会遇到的困难与前面类似，对于年龄较大的老年人来说，在开关冰箱、在橱柜上烹饪洗涤作业、晾衣物、甚至开关推拉门窗也会有吃力的现象。若地面材质未注意湿滑，洗涤池的水溅到地面上极易造成人员滑倒跌伤。

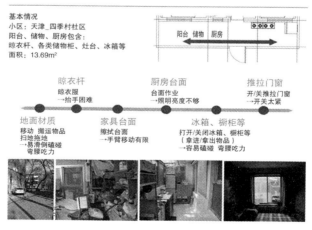

图 4-12　阳台与储藏间空间衔接处容易发生的问题（李昊天拍摄、余漾绘制）

综上，以阳台分别和厨房、储藏间衔接的部位针对老年人常见的安全隐患进行了说明，大致有以下五点：第一，地面的高差、材质不适宜造成的老年人跌倒摔伤现象；第二，门窗质量、开关方式和位置不适宜造成老年人开关窗吃力现象；第三，室内照明不适宜，局部照明少造成老年人行为操作困难，影响心理感受等现象；第四，室内家具部品尺寸、位置不合理造成的老年人完成日常动作吃力，活动易发生磕碰等现象；第五，行为困难处缺乏扶手等支撑设施。诸如以上安全隐患需要在今后的老年人住宅设计和研究工作中引起更多关注。

二、老年人住宅

（一）什么是老年人住宅①

老年人住宅（Housing for the Aged）是供老年人为核心的家庭（包括老年夫妇或单身老人）长期居住，并根据老年人不同生理、心理状况，接受居家养老和社区养老服务的专用住宅建筑。我国是老年人口大国，居家养老数量巨大，老年人对住宅建筑的功能和环境的需求千差万别，为此，老年人住宅设计趋向个性化和多样化的发展趋势。老年人住宅以套为单位，可集中成组团建设，也可在普通居住区内成栋建设，或在普通住宅楼栋中建设若干套。

（二）老年人住宅设计的基本要求

为了顺应老年人自身的生理特性，老年人住宅在一般住宅建设要求基础上，在基地与规划设计、楼内公共空间、套内空间、室内物理环境到建筑设备等各方面有更加严格的建设要求。由于套内空间是老年人日常生活利用频率较高的部位，以下主要对套内空间中安全事故频发的厨房、卫生间空间，以及老年人日常使用时间最长的卧室空间进行阐述。

---

① 老年人居住建筑设计规范（GB50340－2016）[M]．北京：中国建筑工业出版社．2017．

1. 厨房

厨房空间主要由洗涤区、操作区、烹饪区、储藏区和通行区组成（图 4-13、图 4-14）。为了方便老年人外出购买物品，且由于炊事活动具有一定噪声，厨房应尽量远离卧室空间。为了方便老年人进行炊事操作，厨房采光、通风应有直接采光、自然通风，同时应注意采光窗与操作台的位置关系。

功能分区

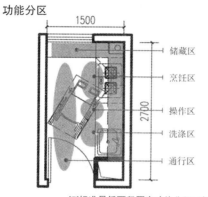

[5]标准最低面积厨房功能分区示例

图 4-13　最小面积厨房功能分区示例
（贵晨绘制）

窄面宽厨房应充分利用操作面以下的空间

图 4-14　最小面积厨房功能分区三维示例（贵晨绘制）

厨房最小使用面积的确定一方面须适应老年人居住建筑的要求，另一方面应考虑到老年人动作迟缓，坐姿操作等要求，其空间应适当加大（图 4-15）。

老年人公寓采用电炊操作间时，为保证临时炊事功能要求，案台、电炉灶及排油烟机是必要的最基本设施，必须进行设置，而洗涤池、冰箱、热水器等可以与其他空间和设施合用。台面前的空间

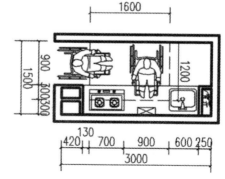

图 4-15　厨房最小净面宽

按人体活动尺度要求，不应小于 0.90m，可通过借用套内玄关、走廊空间解决。

为了轮椅老年人能够顺利通过，厨房门洞口净宽不应小于 0.90m。在各个空间之间设置透光的观察窗，以便厨房内外的人们可以加深视线交流，家人可以随时确认老年人是否安全，老年人也可以随时看到做家务的家人，减轻他们的孤寂感。

鉴于老年人并非普遍使用轮椅进出厨房进行炊事操作，主要解决老年人长时间站姿炊事操作的困难，因此，操作台的安装尺寸是以方便老年人坐姿操作为目的。适合坐姿操作的厨房操作台面高度不宜大于 0.75m。洗涤池、炉灶下部留出合适的空当，使老年人坐姿操作时腿部能够插入。由于一般座椅的坐面高度为 0.45m，人腿所占的空间高度为 0.20m 左右，因而洗涤池、炉灶下部空当高度不宜小于 0.65m，深度不小于 0.30m（图 4-16）。

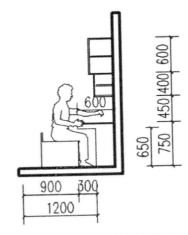

图 4-16　厨房坐姿操作空间图示

老年人记忆功能衰退，容易健忘，因此灶具的选用应考虑使用安全。使用燃气灶具时，应采用熄火自动关闭燃气的安全型灶具和燃气泄漏报警装置。

2. 卫生间

卫生间主要由如厕区、护理区和洗浴区组成（图 4-17、图 4-18）。由于老年人上卫生间的次数较年轻人频繁，且晚上起夜时老年人动作和反应会较慢，因此卫生间应布置在邻近老年人卧室的位置。同时由于老年人主要活动空间为卧室和起居室，因此在条件允许时可考虑卫生间双开门，以满足卧室和起居室使用的便捷性。同时，卫生间布置虽无特殊的采光要求，但应尽量保证卫生间内有自然采光，以减少老年人在未开启灯具的条件下，在卫生间拿取物品时所可能发生的意外伤害（图 4-19）。

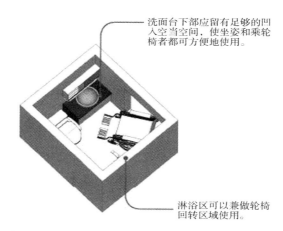

洗面台下部应留有足够的凹入空当空间，使坐姿和乘轮椅者都可方便地使用。

淋浴区可以兼做轮椅回转区域使用。

图 4-17　最小面积卫生间功能分区示例（贵晨绘制）

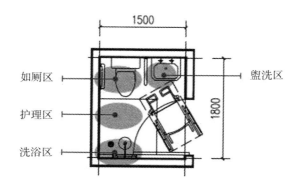

如厕区

护理区

洗浴区

盥洗区

图 4-18　最小面积卫生间功能分区三维示例（贵晨绘制）

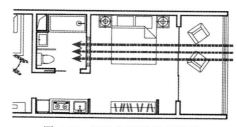

图 4-19　卫生间间接采光示例

由于卫生间为长期用水区域，空气湿度较大，地面容易湿滑，因此应特别注重通风设计。并且尽量利用门窗形成的自然通风条件，增加室内的舒适度，减少细菌的滋生。目前，卫生间干湿分区是比较提倡的做法（图4-20）。

卫生间应至少配置坐便器、洗浴器、洗面器三件卫生洁具。三件卫生洁具集中配置的卫生间使用面积不应小于2.50m²。虽然实验证明2.50m²的卫生间可以实现轮椅老年人使用（图4-21），但对老年人居住建筑而言，需要考虑盥洗、洗浴和便秘的照护空间和坐姿沐浴、盥洗的要求。所以，应相应增加一定的使用面积。老年人使用的卫生间应满足最小面宽不小于1.50m，最小进深不小于1.30m。

老年人使用的卫生间应考虑方便轮椅进出的要求。为使老年人在卫生间内发生意外时能够得到及时的发现和救助，卫生间的门应设置透光的观察窗。应采用能够顺利打开的推拉门或外开门，并应安装可以从外部开启门扇的装置。卫生间门洞口的净宽不应小于0.90m。卫生间开门位置的设计应方便老年人在起居室和卧室两个主要空间使用上的便捷性，有条件的情况下可采用两个门

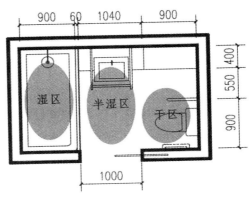

图 4-20　卫生间干湿分区示例

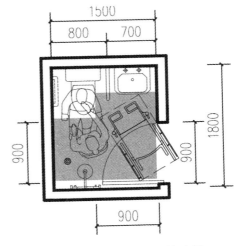

图 4-21　最低面积卫生间功能示例

洞的方式，保证两个空间的完整独立（图 4-22）。

浴盆和便器旁应留有必要的护理操作空间，方便老年人如厕、盥洗和洗浴时身边有陪护人员照看、辅助。

由于老年人肢体力量衰退，坐便器高度过低，会使老年人起身困难。而浴盆外缘高度过高，会使老年人跨越浴盆外缘时出现困难。所以，应选用高度适当的便器和浴缸。坐便器高度不宜低于 0.40m。浴盆外缘高度不应高于 0.45m，其一端宜设可坐平台。浴盆和便器旁应安装助力防护扶手，淋浴位置应至少在一侧墙面安装扶手，并设置坐姿淋浴的装置。

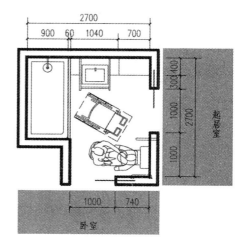

图 4-22　卫生间门的位置

洗面台的高度应适当降低，可以让老年人坐姿盥洗。由于一般坐面高度为 0.45m，人腿所占的空间高度约为 0.20m，因而洗面台下部空当高度不宜小于 0.65m，深度不宜小于 0.30m。洗面台下应留有足够的腿部空间，即使乘轮椅者也可以方便地使用。在洗面台侧面宜安装横向扶手，保证老年人盥洗安全。

现有市场当中存在很多方便老年人日常生活的电器和家具部品，如：浴霸、足浴盆等。应在卫生间设计当中充分考虑到此类物品使用的便捷性，合理布置开关插座位置。

3. 卧室

卧室在老年住宅中除承担老年人常规的睡眠功能外，还容纳了许多其他活动，如阅读报纸、看电视、上网、休闲活动等。对于行动不便的卧床老年人而言，卧室更成为老年人生活的主要场所。老年人的生活习惯和要求与年轻人有很大不同，相对于年轻人比较注重私密性而言，老年人更大的生活需求是安全、安静、舒适。

卧室空间主要包括睡眠区、护理区、储藏区和通行区（图 4-23、4-24）。护理区是指卧室床旁为了满足今后护理所需的空间要求，至少一侧留有 1.0m 宽的护理空间（图 4-25）。在能够满足老年人"床—轮椅"转移的情况下，老年人单人卧室的最小面积为 8 m²、双人卧室 12m²、兼起居室的卧室 15m² 即可。

图 4-23　最小面积卧室功能示例
（贲晨绘制）

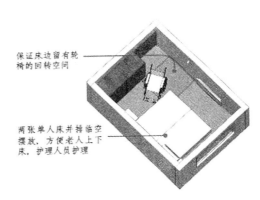

图 4-24　最小面积卧室功能分区三维
示例（贲晨绘制）

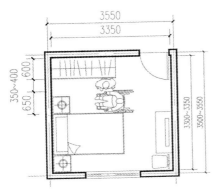
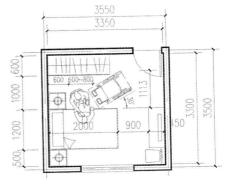

图 4-25　床边护理空间示意

为保障老年人由卧室去卫生间的路线便捷，卧室应与卫生间保持近便的联系。对于长期卧床的老年人，可考虑将卧室与卫生间直接连通，通过在天花板设计吊轨，辅助老年人移入卫生间。

老年人卧室宜布置在南向，并能使光线尽量照射到床上。使老年人午休或生病卧床时，可以享受到阳光，同时也利于卫生、消毒。同时需要注意卧室门窗开启扇的相对位置，合理组织卧室内的通风流线，避免形成通风死角。尤其对于长期卧床的老年人，主要活动全集中在卧室，更应保证通风的良好。

电梯井，空调室外机等易产生噪声的设备尽量远离老年人卧室，尤其避免紧邻床头，干扰老年人休息。

老年人卧室的面宽进深都应适当增大。应保证轮椅通行尺寸在 0.80m 以上，单人卧室的最小净面宽≥2.50m（图 4-26），双人卧室若采用壁挂式电视，至少面宽在 3.0m 以上（图 4-27），进深尺寸需注意至少在床一侧留出 1.0m 宽的护理空间，床与对面家具或墙之间均应留出 0.80m 的距离，便于轮椅的通行。单人卧室与双人卧室比较经济的进深尺寸分别为：单人宜≥3.30m，双人宜≥4.10m（图 4-29），以满足老年人分床休息的需求，以及轮椅通行、回转及今后护理所需的空间要求。

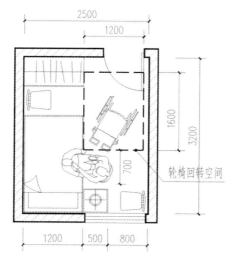

图 4-26 单人卧室最小面积示意

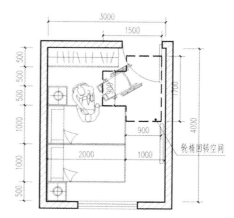

图 4-27 双人卧室最小面积示意

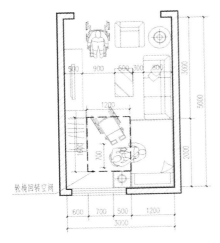

图 4-28　兼起居室的卧室最小面积示意

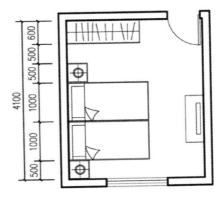

图 4-29　双人卧室进深示意

老年人卧室入口处不宜过于狭窄或转折，以便紧急救助时担架可顺利出入。卧室的门洞宽度不应小于 0.90m。且凡考虑有轮椅通行的过道入口，为保证通行，有效宽度均应≥0.80m。

从卧室内的家具布置来看，老年人适宜分床。双人卧室建议选用两张单人床，尺寸可选用 2.0m×1.0m。床适宜三面临空放置。此种方式方便老年人上下床，整理床铺，也方便护理人员操作照顾。双人床如此摆放更方便两位老年人各自从两侧上下床。尤其是失能老年人所用床铺最好采用临空放置的方式，便于照料者从床侧照顾老年人。摆放家具可有一定的灵活性，以满足老年人在不同季节或不同身体状况的舒适性需求。窗前需留出足够的使人靠近的空间，方便窗扇的开启。老年人卧室宜避免被窗帘、家具遮挡，影响散热效率。有条件可考虑地暖式采暖。

插座宜设置在明显、触手可及的位置，如床边、各台面上等，便于老年人进行各种活动时开关。床侧、桌面、电视柜安装中位插座，高度在 0.60～0.80m 为宜。床侧考虑台灯、夜灯等补充照明及小家电的使用，应设置 1～2 个插座。电视根据不同的悬挂方式，插座安装高度不同。除电视开关外，还需考虑 DVD、机顶盒、可多预留1～2个插座于电视附近。卧室考虑吸尘器、加湿器等电器，可设置一个低位插座。安装分体式空调，根据不同层高，一般高位插座在1.80m以上。

以上针对厨房、卫生间和卧室等套内功能空间的最小面积数据确定，均有相应实验研究结果支撑数据验证及应用的。实验研究通过在中国建筑设计研究院适老建筑实验室内模拟相应功能空间场景布置，并每次由包含穿戴老年人模拟辅具的青年人、老年人等不同年龄段的数十名被试者参加实验，完成功能空间内的相应行为（图4-30、图4-31），最后通过研究人员当面测量数据或口头评价进行数据录入。

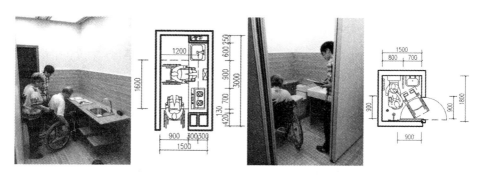

图4-30　厨房卫生间空间适老性实验——实验场景[1]

图4-31　适老卧室护理实验——实验场景[2]

①　王朝霞，王羽. 厨房卫生间空间适老性实验［J］. 住区，2015（4）.
②　贵晨，王羽，王辛，邓超. 适老卧室实验［J］. 住区，2015（2）.

（三）公共交流空间的作用

老年人住宅中的公共交流空间主要有促进居住者日常交流的重要作用。日常交往不仅可以提升居住者的愉悦度，更重要的是通过增强邻里彼此间的心理信任感、安全感，能够在发生安全意外事故、甚至是火灾救险等特殊情况时居住者之间能够相互照应，因此有着不可替代的作用。

目前，通过针对老年人居住建筑的调研，发现在其中设置老年人公共交流空间的情形日益增多，然而日常使用者并不多。造成以上现象的原因，与公共交流空间的位置、布局、家具布置、物理环境等相关环境设计和老年人日常交流的环境需求不对应有一定的关系。今后有必要增加针对公共交流空间利用程度和老年人行为特点的相关专项设计和研究工作。

三、老年人公寓

（一）什么是老年人公寓①

老年人公寓（Apartment for the Aged）是指供老年夫妇或单身老年人居家养老使用的专用建筑，配套相对完整的生活服务设施及用品，一般集中建设在老年人社区中，也可在普通住宅区中配建。

老年人公寓是一种重要的老年人居住建筑类型，专门提供给老年夫妇或单身老年人，在其具备独立生活能力的时期居住。一般来说，老年人公寓本身不提供集中照料、护理服务，老年人在其中独立生活，可根据需要，接受公共的餐饮、家政、陪护等配套生活服务和其他社区养老服务。老年人公寓是适应我国现阶段乃至今后很长一段时间人口老龄化发展需要，且市场需求很大的一种类型，可独栋建设，也可群组建设，其居住单元是按套型设计的。应注意的

---

① 老年人居住建筑设计规范（GB50340－2016）［M］．北京：中国建筑工业出版社．2017.

图 4-32 国内已建成的某养老公寓（王羽拍摄）

是，可能出现在医疗、养老设施用地内配建老年人公寓的情况，这类建筑中的老年人仍然为独立居住，但可享受医院或养老院的辐射社区服务功能。

目前我国在老年人公寓体制上尚处于起步阶段，虽然国内已建成一定规模数量的养老公寓，但人们对其概念的理解尚存在差异，在实际项目建设中对老年人公寓的建设形式、服务对象及运营模式等还需要进一步探讨，尤其在后期运营和维护层面上仍需投入更多精力进行实践研究。而老年人公寓的建造及运营体制在国外已相对成熟，有相对多的案例值得借鉴。以下将通过国外案例说明老年人在养老公寓应有的居住状态和建设基本要求。

（二）老年人公寓中的生活状态

老年人公寓中的老年人普遍具备独立生活能力，居住者可携带家具部品、日常电器等已使用习惯的私人物品入住，且管理方对老年人按个人喜好布置生活空间的限制度不高，因此老年人公寓是较接近于居家养老的状态，是将老年人对环境的不适应性减小到最小的一种社会养老模式。国内已建成的养老公寓在后期运营过程中也相对注重将室内场景尽量布置成居家的模式。

图 4-33　国内已建成的某养老公寓室内场景（王羽拍摄）

（三）老年人公寓设计基本要求

老年人公寓的主要功能系统可分为公共功能空间和居住功能空间两部分（图 4-34）。

图 4-34　老年人公寓设计中的公共功能空间和居住功能空间——以某老年人公寓项目为例

公共功能空间除去基础性卫生保健等健康服务部分，以及食堂、超市等生活服务部分外，主要有以社交、娱乐等为目的的公共交流空间。由于我国不同老年人公寓项目对于公共功能空间的需求不同，目前所涉及的范围也没有明确规定。而居住功能空间作为老年人公寓的主要部分，不同于机构养老的过于组织化、医疗化的居住氛围，在功能全面性、空间私密性层面上有更高建设要求[①]。例如公共交通空间的布局更加强调私密性及归属感，户内居住空间为了让居住者延续自家生活习惯及生活模式，拥有相对完整的起居、餐饮、如厕洗浴和睡眠功能。目前市面上的老年人公寓产品主要以一室一厅模式为主（图 4-35、图 4-36）。值得一提的是，老年人公寓套型中可采用电炊操作台，由兼起居的卧室、电炊操作台和卫生间等组成的老年人公寓套型使用面积不应小于 23㎡。

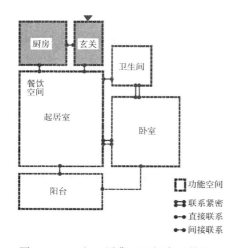

图 4-35　一室一厅典型空间布局模式

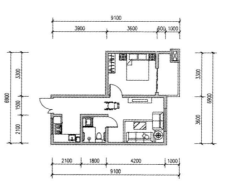

图 4-36　某老年人公寓一室一厅平面图

（四）老年人公寓案例

1. 荷兰布鲁森伯格 老年人公寓

该建筑专为 55 岁以上老年人而建，其设计灵感受到即将退休的嬉皮士一代的启迪（图 4-37），建筑面积 15678㎡。该项目通过提议建造一栋嬉戏多彩的公寓楼从而表达出其目标人群不愿承认日益变老的心态。建筑由两部分组成，前方的塔楼体量及后方由支架支撑的悬空体量。后方悬空体量高出水面 11.00m 以上。由此可看

①　邸威，刘艺婷．老年公寓的功能系统及设计模式探讨［J］．城市住宅，2017（1）．

见附近旧养老院内池塘的景象。塔楼占据尽可能小的空间，从而形成一个花园。由这两个主要建筑体组成的住宅，其不间断跨度为9.60m，可以有多种平面布局并适应未来的需求。一个不显眼的电梯井连接新老建筑物，旧楼宇内有医务、炊事等服务（图4-38）。

图4-37　荷兰布鲁森伯格老年人公寓外部场景

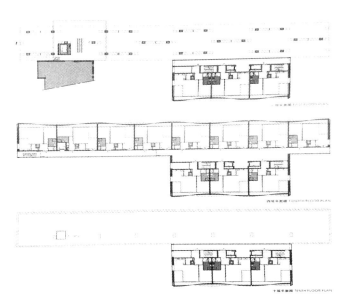

图4-38　荷兰布鲁森伯格老年人公寓一层、四层及十层平面图①

---

①　凤凰空间·北京，夕阳无限——世界当代养老院与老年公寓设计［M］．江苏人民出版社，2013．

公寓的立面通过波浪形的阳台呈现出强烈的三维效果（图 4-39）。外表面的自清洁玻璃光洁多彩，有 200 多种不同的色调（图 4-40）。

图 4-39　荷兰布鲁森伯格老年人公寓外部场景

图 4-40　荷兰布鲁森伯格老年人公寓外部场景

该建筑的悬空部分以下是水下休闲空间，可通过花园到达。道路为沥青路面，以便轮椅和踏板车通行。草坪作为主体贯穿该项目的若干部分。内部的混凝土墙上的竹子图案、花园的种植规划，甚至娱乐空间楼层的地面上铺的花园图案的地毯，都采用同一主题。

2. 瑞士 Seniorenresidenz Spirgarten 老年人公寓

图 4-41 瑞士 Seniorenresidenz Spir-garten 老年人公寓外部场景

图 4-42 瑞士 Seniorenresidenz Spirgarten 老年人公寓内部场景

该项目位于瑞士苏黎世，其首层有餐厅、咖啡厅、会客厅、洗衣室、活动间的空间。上面为住户，分别有 8 个单间，56 个一室一厅，以及 4 个两室一厅。建筑标准层有两个公共楼梯，走廊有两处放大，并形成公共起居空间，同时便于居住者日常交流（图 4-43）。

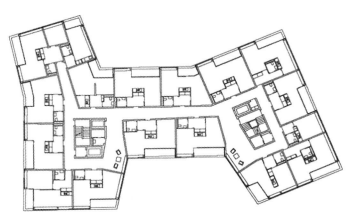

图 4-43 瑞士 Seniorenresidenz Spirgarten 老年人公寓外部标准层平面图

第五章　住宅的适老化改造

营造"适老化"的居家生活环境对于构建以"居家为基础"的养老服务体系具有重要意义。然而，目前我国老年人住宅的"适老化"设计现状不容乐观，很多住宅存在安全隐患和使用不便之处，需要加以改造，以更好地满足老年人的居住生活需求。本章从老年人住宅的改造需求出发，重点对"适老化"改造的基本原则和设计要点进行了梳理和介绍，为针对老年人的个体需求进行住宅的"适老化"改造提供参考。需要指出的是，本章的讨论对象并非类似老年公寓那样专门为老年人设计建造的建筑，而是在一般住宅中如何通过"适老化"改造更好地满足老年人的居住生活需求，重点关注老年人家中厨房、卫生间、卧室、起居室等空间的改造设计要点，关于公共楼梯间等住宅公共空间的"适老化"设计详见第七章"适老出行环境"中的相关内容。

一、住宅的"适老化"改造需求

进入老年阶段，人的各项身体机能都会出现不同程度的衰退，很多老人都会感到原先住得很习惯的家慢慢变得不合适了，甚至存在一些安全隐患，一旦发生跌倒等意外事故，将严重影响老年人的身体状况和生活质量，特别是在老人年龄达到 75 岁之后，发生意外事故的危险性更高。一些家庭虽然有意愿对住宅进行"适老化"改造，但是由于老人年事已高、行动不便等原因，已不方便接受大动干戈的改造，所以我们建议在老年人 75 岁之前为他们的住宅进行一些"适老化"的装修改造，为他们接下来的生活营造安全、便利、舒适、灵活的养老居所。

二、我国住宅在"适老化"方面的现存问题

（一）住房陈旧老化、存在安全隐患

第四次中国城乡老年人生活状况抽样调查数据显示，我国老年人大多居住在建成时间较早的住房当中，约有三分之二的老年人住房房龄达 20 年以上，三分之一达 30 年以上。调研发现，老年人住房普遍存在装修陈旧、设施设备老化等问题，并且受到当时经济、技术等方面条件的限制，空间较为局促。此外，目前老年人居住的房子在装修时大多并没有针对老年人的使用需求进行专门的设计考虑，但随着居住者步入高龄，一些安全隐患便凸显了出来，主要体现在以下几个方面。

1. 地面存在高差，不利于无障碍通行。 例如，突出地面的过门石不但容易绊倒老人，而且不便于轮椅通行；地板伸缩起翘不平，老人通过时易因重心不稳而跌倒等。

2. 房间面积较小，护理操作空间不足。 例如，老旧住宅卫生间的面积较小，没有可供照护者为老人进行助浴、助厕等操作的空间，老人自己如厕、洗浴时容易发生危险。

3. 平面布局不合理，生活动线长而曲折。 例如，在有些户型当中，老人从卧室到卫生间需要穿过起居厅和过道，动线较长，且行走的过程当中没有可供撑扶之处，容易与家具物品发生碰撞而造成意外伤害，特别是在老人起夜光线较暗时更加危险。

4. 物理环境重视不足，通风采光性能不佳。 例如，部分老旧住宅的自然采光条件较差，室内照明照度较低，不便于老人在行走过程中及时发现障碍物，容易发生跌倒、磕碰等意外事故。又如，住宅门窗的保温性能不佳，冬季冷风侵袭易诱发疾病。

以上这些安全隐患如不能及时排除，将会对老年人的居住生活安全构成威胁，影响他们的生活质量。

（二）对"适老化"设计缺乏基础认知

老年人住宅需要"适老化"的设计，以满足老人对安全性、舒适性、便利性等方面需求，以及照护者为老人提供照护服务的空间需求。但调研发现，大多数家庭对于住宅的"适老化"设计缺乏基础认知。一方面，子女对自己父母在家的生活了解不够充分，平时关心更多的是老人的疾病状况，而忽略了他们住房中潜藏的安全问题以及使用的不便之处。特别是当子女不与老人共同居住时，往往不容易关注到其中存在的问题和安全隐患，例如灯具故障导致室内光线昏暗，老人易因看不清周边环境而发生危险；地面排水不畅造成积水，老人易滑倒；等等。另一方面，很多老人已经习惯了目前住宅当中的生活，认为进行装修改造、调整室内布局较为困难，自己无力完成，也不愿给子女添麻烦，虽然生活有些不便但宁愿尽量自己克服，采取凑合的态度。以上两方面原因使得很多老年人家庭没能意识到进行住宅"适老化"改造的必要性，导致老人长期居住在"带病"的房子当中。

（三）家庭"适老化"改造工作不够到位

在政府部门的大力推动下，部分地区已经开始面向高龄老人家庭开展住宅的"适老化"改造工作。例如，北京市海淀区就面向90岁以上的高龄老人家庭提供了"适老化"改造服务（图5-1），由社区和评估机构的工作人员上门对老年人的身体状况和住房的设计使用现状进行评估，与老年人及其家属讨论确定改造方案、签订服务合同、实施改造。改造内容主要包括安装扶手，卫生间铺设防滑地胶，发放床边桌、褥疮垫、轮椅、助行器等辅具用品，等等。

类似这样的"适老化"改造工作受到了老人们的好评，但由于评估改造工作需要专业人员的介入，而具备相关经验的人才较为匮乏，加之组织协调工作难度较大，目前的家庭"适老化"改造还受到诸多条件的限制，覆盖人群较为有限。同时，家庭"适老化"改

与老人确定改造方案，签订合同　　　为老人发放助行器等辅具用品　　　安装扶手

图 5-1　家庭"适老化"改造工作案例

造是一项整体性工程，仅通过发放辅具用品、加装扶手和安装紧急呼叫装置等局部改造往往无法达到"改造一家，方便一家"预期效果，有待进一步改进工作方法，结合老人的实际需求进行更加全面和更具针对性的考虑。

（四）对"适老化"家具设备认识不足

目前，人们对于"适老化"家具设备的认识还大多停留在扶手、轮椅、呼叫器等辅助器具层面，但实际上，日常生活当中的每一件东西都与老人使用的安全性和便利性密切相关。调研发现，很多老人家中都因为家具设备选用不当而在使用中产生诸多不便甚至带来安全隐患。例如，老人沙发过软、过深，不利于老人的起坐和撑扶；桌子和床等家具的突出部分较为尖锐，容易磕碰老人造成伤害；卫生间内未设置浴凳，没有考虑老人坐姿洗浴的需求，老人洗浴时非常疲劳且容易滑倒等。这一方面反映出大众对"适老化"家具设备的认识有待提高，另一方面也需要有更多厂商结合老人的实际需求研发更多的适老家具设备产品。

三、住宅"适老化"改造的基本原则和设计要点

老年人住宅的"适老化"改造应满足四项基本原则，即安全性原则、便利性原则、舒适性原则和灵活性原则，下面分别对这四项

原则及其对应的设计要点进行具体讲解。

(一) 安全性原则及其设计要点

排除安全隐患是老年人住宅"适老化"改造的第一要务，安全是一切"适老化"设计的基础。为了给老年人营造安全的居住生活环境，改造时应重点关注以下要点。

1. 地面平整无高差，选用防滑材料

住宅中的地面高差会给老年人的居住生活带来巨大的安全隐患。几毫米的微小高差不易被老人察觉，容易造成磕绊、摔伤等事故。超过 20mm 的高差则会对行动不便和使用轮椅的老人造成通行障碍，因此在对老年人住宅进行"适老化"改造时应注意地面平整，尽量避免高差的出现。住宅中容易产生高差的位置包括不同铺装材料的交接处、厨卫空间的入口处、阳台与室内房间的交接处以及套型内外的交接处，在处理这些位置的地面时需格外注意。

例如，在一些老旧住宅的设计当中，为了防止卫生间地面积水外流，在卫生间与过道的交接处设置了突出地面的过门石或较高的门槛（图 5-2），导致老人进出卫生间时容易被绊倒。改造时应注意拆除门槛、消除过门石高差，以实现水平进出（图 5-3）。若因防水需要必须留有高差时，也可通过设置倒坡脚（图 5-4）来解决高差问题。

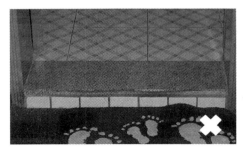

图 5-2　卫生间与过道间设有门槛

图 5-3　消除过门石高差，实现水平进出

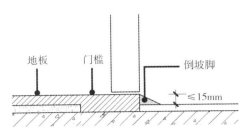

图 5-4 卫生间内外设置倒坡脚以实现微小高差的过渡

又如，很多住宅在阳台与室内房间的交接处常设有推拉门，门框突出于地面，老人进出时容易被门槛绊倒（图 5-5）。改造时可通过调整阳台室内外地面的厚度，将门框隐藏在铺地当中，这样既不影响推拉门的使用，又能实现水平进出（图 5-6）。

图 5-5 阳台推拉门门框突出地面
形成门槛

图 5-6 将门槛隐藏在铺地中，实现
水平进出

此外，在一些住宅的装修设计当中，为了营造空间的丰富性，在不同空间内设置了几步台阶的高差，给老人的使用带来了较大的困难，并且导致轮椅无法通行（图 5-7），因此在改造中应注意将室内各空间地面统一在同一高度，以方便老人通行（图 5-8）。

在材料的选择上，老年人住宅的地面不宜采用表面光滑的石材或瓷砖（图 5-9），以避免老人滑倒，应选用木地板、防滑地砖、PVC 地胶等防滑材料（图 5-10）。需要注意的是，部分材料在表面有水和没水时防滑性能存在较大的差异，挑选时应注意甄别，选用干、湿两种状态下防滑性能都较为良好的材料。

图 5-7　餐厅和起居室间存在两步
　　　　台阶的高差

图 5-8　室内各空间设计在同一高度上

图 5-9　大理石地面过于光滑，老人
　　　　易滑倒

图 5-10　居室内宜采用防滑性能较好的
　　　　　木地板

2. 加强各空间在视线和声音上的联系

在住宅各空间之间建立良好的视线和声音联系有助于加强老年人与照护者之间的交流，方便照护者及时了解老人的活动状况和照护需求、提供必要的帮助，避免安全事故的发生。改造时可具体从以下几个方面进行考虑。

首先，对于起居室、餐厅等主要生活区宜采用开敞式的设计，使老人的声音和视线通达，加强心理安全感。

其次，对于玄关、厨房、阳台等不能完全开敞的空间，可通过设置门窗洞口、透明隔断（图 5-11）和镜子（图 5-12）等方式形成视线通路、加强声音联系，以方便照护老人。

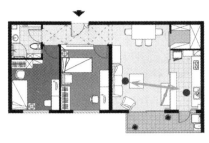

图 5-11　厨房与起居室、餐厅之间采用透明隔断，做饭时可与起居室、
　　　　　餐厅中的老人相互照应

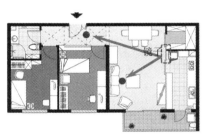

图 5-12　通过镜面的反射，老人坐在沙发上不用起身，即可了解到门
　　　　　厅人员进出的情况

最后，对于卧室、卫生间等私密空间，可以在局部安装半透明
玻璃或透光不透影隔断，以方便照护者了解老人在房间内的情况
（图 5-13、图 5-14）。

图 5-13　卧室与过道间设置玻璃隔断，　　图 5-14　卫生间墙面设有一条竖向的毛
　　　　　并开设小窗，以加强视线和声　　　　　　　玻璃，以方便照护者了解老人
　　　　　音上的交流　　　　　　　　　　　　　　在卫生间的情况

3. 注意干湿分区和排水处理

老年人住宅中的卫生间如果干湿分区不当，老人洗浴后容易造成地面湿滑，带来安全隐患。因此，改造时应注意卫生间平面布局的干湿分区，将湿区（淋浴区）布置在卫生间深处，干区（坐便器）布置在临近入口处，以保证老人使用的安全性（图5-15）。

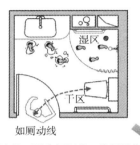

如厕动线 ✕

卫生间内的淋浴区布置在外侧，靠近入口处，浴后会将地面弄湿，老人再次进入通过时极易滑倒

如厕动线 ✓

淋浴区宜位于卫生间深处，坐便器位于入口旁，形成较为明确的干湿分区，保证老人进入时安全

图5-15　卫生间干湿分区的正误对比

为防止地面积水带来安全隐患，卫生间应做好排水设计。淋浴区地漏宜布置在内侧角落，通过地面找坡向内汇水、排水；淋浴区宜设置浴帘，以防止水流外溅、淋湿干区地面；有条件时，还可考虑在淋浴区外侧设置截水沟（图5-16），以防止地面上的水外流。

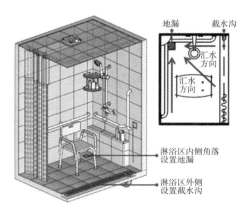

图5-16　淋浴区的排水设计示例

4. 设置扶手等安全辅助措施

老年人住宅当中的卫生间、过道等重点位置应设置扶手，以辅助老人施力、保持身体平衡，避免跌倒等意外事故的发生。为保证安全稳固，扶手应安装在承重能力强的实心墙体上。扶手的选型和安装位置应充分考虑人体工学，例如坐便器临墙时宜设置 L 形扶手，其中竖向扶手位置应距离坐便器前端 20－25 厘米，顶端距离地面高度不少于 1.4 米，以方便老人施力，确保使用安全（图 5-17）；坐便器不临墙时，也可通过设置水平扶手的方式满足老人的使用需求（图 5-18）。

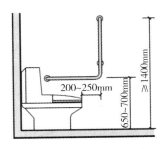

图 5-17　L 形扶手的安装位置

图 5-18　坐便器两侧设置水平扶手的示例

此外，还可借助桌面、台面、椅子的扶手和靠背等家具构件代替扶手的作用。例如，老人卧室内的宜选用设有闲尾板的床，以便于老人起身和通行时撑扶使用（图 5-19）。又如，鞋柜台面高度与扶手相近，可供老人通行和换鞋时撑扶（图 5-20）。当家具兼有扶手作用时，应注意确保家具的稳固性，避免因家具不稳而造成老人撑扶后跌倒的安全事故。

图 5-19　老人卧室内选用设有床尾板的床，方便老人撑扶使用

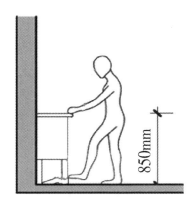

图 5-20 鞋柜台面高度与扶手相近，可供老人通行和换鞋时撑扶

（二）便利性原则及其设计要点

随着年龄的增长，老年人的各项身体机能会出现不同程度的衰退，因此老年人住宅的"适老化"改造应注意保证老人使用的便利性，减轻他们的身体负担，同时方便照护者进行辅助操作。

1. 确保路径便捷畅通

老年人住宅当中的交通流线应简短便捷，有条件时，可形成回游动线，以方便老人在家中的活动，同时也有助于改善室内空间的自然通风采光效果，加强视线和声音上的联系（图 5-21）。

交通空间应尽量保持足够的通行宽度和顺畅的路线，避免过于曲折或出现低矮家具和突出物（图 5-22）。

2. 设置充足的储藏空间和置物台面

老人的家中通常会积累较多的物品，因此老年人住宅当中的储藏设计应注意分类明晰、储量充足（图 5-23）。

住宅中宜设有充足的台面，以方便老人将常用物品存放在容易看到和取放的位置（图 5-24）。同时，台面的高度与扶手相近，可供老人在经过或取放低处物品时撑扶使用（图 5-25）。

起居室、厨房与阳台之间*
缩短家务流线

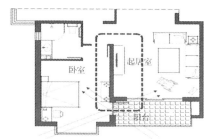

老人卧室与起居室、阳台之间*
加强采光

走廊空间*
加强通风和视线联系

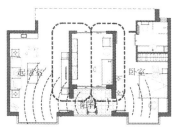

阳台与相邻其他空间之间*
加强声音联系

图 5-21　常见的回游动线设计案例

过道中堆满家具杂物，交通路线窄

过道宽度充足、路线畅通、无障碍物

图 5-22　交通空间的正误对比

存放杂物的空间 ▼ 门厅和卧室共用存放鞋等杂物的空间

存放毛巾、
浴衣的空间

集中储藏空间

存放草纸的
空间

洗衣机上方
的储藏空间

1. 洗衣机上方的储藏空间   2. 卫生间储藏空间   3. 集中储藏空间

图 5-23   老人住宅中不同类别的储藏空间

图 5-24   柜子中部提供台
面供老人存放常
用物品

图 5-25   柜子上部提供台面供老人置物和撑扶

3. 结合老年人的身体特点进行部品的选型与配置

随着年龄的增长，老年人的视力、手部力量和灵活性都会出现不同程度的衰退，因此在选择部品时应注重老年人操作的便利性。例如开关面板应采用按键面积大、数量少的形式，以方便老人识别和准确操作（图5-26）；在门把手和水龙头开关的选型方面，球形或旋钮式的开关对腕部力量要求较高，老人开关不便，宜选择便于老人操作的杆式或抬启式开关（图5-27）；家具、抽屉的拉手应避免采用单孔的点式或内凹的隐形式，而宜选择简洁、容易抓握的形式（如长杆式），以降低操作难度，使老人单手也能轻松拉开（图5-28）。

图 5-26　开关面板选型的正误对比

图 5-27　门把手和水龙头开关选型的正误对比

图 5-28　抽屉拉手选型的正误对比

储藏柜格、门窗把手、开关插座等部品的位置应方便老人使用。例如，距地 600－1800mm 的中部区域最适合设置储藏空间，老人无须踮脚、下蹲或深度弯腰就能够轻松完成物品的取放（图5-29），因此在老年人住宅的储藏设计当中应对中部区域加以充分利用。插座宜设置在书桌、橱柜、电视柜等台面以上，以避免老人在使用时下蹲或弯腰，方便老人插拔电源插头（图 5-30）。

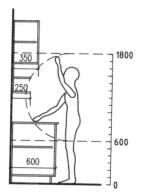

图 5-29　中部区域的储藏空间最方便老人使用，适宜存放常用物品

图 5-30　插座宜布置在台面高度以上，方便老人插拔电源插头

　　老人在长时间站立或弯腰操作时容易出现疲劳或重心不稳的情况，因此有条件时可在必要位置设置坐凳，方便老人坐姿完成相应的操作。例如可临近鞋柜设置换鞋凳，方便老人取放鞋子和进行换鞋操作（图 5-31）；淋浴区建议布置浴凳，并配置安全扶手和可调节高度的淋浴喷头，方便老人在洗浴过程中保持身体平衡（图 5-32）。厨房卫生间水池下方柜板可后退 20－30cm 并设置坐凳，方便老人坐着完成洗菜、洗衣等长时间的家务劳动（图 5-33）。

4. 方便照护者的辅助操作

　　老年人住宅的改造设计应考虑照护服务的便利性，为照护者留出进行辅助操作的空间。例如老人卧室不宜布置得过满，床侧面应留有照护者协助老人进行起床、穿衣、移乘轮椅等操作的空间。卫生间淋浴区不宜采用固定的淋浴屏或淋浴房（图 5-34），以方便照护者为老人进行助浴操作（图 5-35）。

图 5-31　临近鞋柜布置换鞋凳，方便老人坐姿取鞋、换鞋

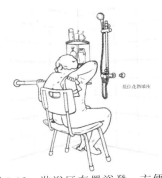

图 5-32　淋浴区布置浴凳，方便老人在洗浴时保持身体平衡

老人在洗菜、洗碗时久站容易引起腰腿疲劳，水池下方设置地柜时，老人腿部无法插入，难以坐姿操作

水池下方柜板可退后 20-30 厘米，方便老人坐姿进行洗菜、洗衣等长时间家务劳动图

图 5-33　洗手池下方柜板后退，方便老人坐姿操作

图 5-34　淋浴屏限定了洗浴空间，不便于他人帮助老人洗澡

图 5-35　淋浴间的隔断宜采用帘子，淋浴空间更加灵活

（三）舒适性原则及其设计要点

老年人住宅的改造应注意为老人提供良好的通风、采光、照明和温湿度条件，保证老年人居住生活的舒适性。

1. 创造良好的自然通风采光条件

老年人对住宅的自然通风采光条件要求较高，改造时应尽量创造条件，提升住宅的相关性能。在不破坏建筑结构的前提下，可对住宅套型内各个房间的门窗位置和大小进行适当的改造，合理安排自然通风流线，创造对流通风的条件，以保证通风顺畅（图5-36）。

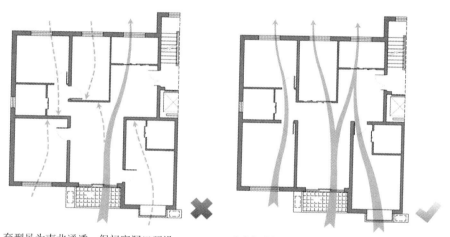

套型虽为南北通透，但门窗洞口开设
方式不当，造成通风不畅

改变门窗洞口位置，打通自然风流线，
使通风顺畅

图 5-36　同一套型不同门洞开启位置的通风效果对比

住宅户型内侧的空间往往不易有光线到达，较为昏暗，在改造时可通过玻璃隔断的透射作用、镜子和浅色墙面的反射作用将光线引入深处，改善内侧空间的采光效果（图5-37）。

2. 保证均匀舒适的室内温湿度

老人对室内环境舒适性的要求较高，既需要室内温、湿度保持在一定的舒适范围内，又要保证温湿度分布的均匀性。

例如在选择空调室内机的安装位置时，应注意避免风口直吹老

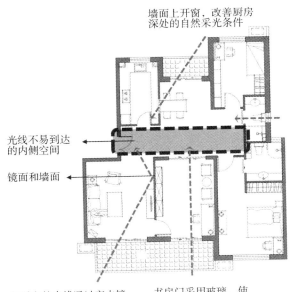

墙面上开窗，改善厨房
深处的自然采光条件

卫生间推拉门和窗户在一条
直线上，光线可以透过

光线不易到达
的内侧空间

镜面和墙面

起居室的光线通过室内镜
面和墙面反射，引入门厅

书房门采用玻璃，使
光线可以透过

图 5-37 将自然光线引入户型内侧的方法

人，以防引发老人身体的不适（图 5-38）。床头不宜靠近窗户摆放，以防从窗户吹入的冷空气使老人受凉生病（图 5-39）。卫生间内应设有浴霸或暖风机等采暖装置，以保证老人更衣洗浴过程中温度的舒适性。

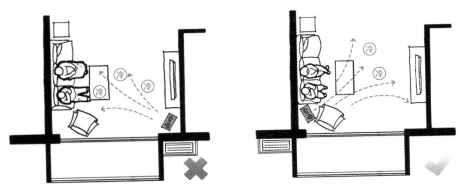

图 5-38　起居室内空调室内机位置选择的正误对比

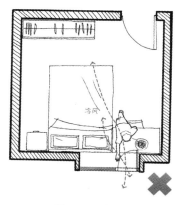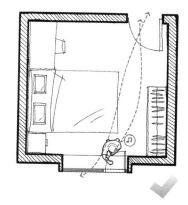

图 5-39　老人卧室内床与窗户位置关系的正误对比

3. 注重室内照明设计

受到身体机能衰退的影响，老年人对室内照明设计的要求较高。首先，老年人住宅的室内照度应在住宅通用的照度标准基础上有所提高，营造更加明亮的室内环境。在灯具的布置方面，应采用整体照明与局部重点照明相结合的方式，为老年人阅读和进行精细操作提供良好的照明条件（图 5-40、图 5-41）。

图 5-40　老人日常吃药、剪指甲、阅读小字时，仅依靠顶部照明往往难以看清

图 5-41　设置台灯、落地灯等局部照明灯具，以方便老人进行精细操作

在灯具选型方面，应避免使用水晶吊灯、射灯等光线刺眼、容易

产生炫光或形式复杂不易清洁的灯具，而应采用形式简洁、光线均匀柔和、以漫射光为主的灯具，如磨砂灯具、灯带、发光顶棚等（图5-42）。

水晶吊灯

射灯

吸顶灯

图5-42　老年人住宅灯具选型的正误对比

灯具开关的位置和控制形式应方便老人操作，例如老人卧室的顶灯宜采用双控开关，在卧室门侧面和老人床头处各设置一个开关，以方便老人在躺下后关灯（图5-43）。

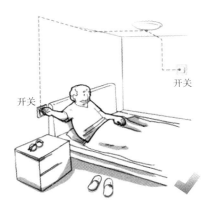

图5-43　老年人卧室宜设置双控开关

（四）灵活性原则及其设计要点

老年人住宅的"适老化"改造应注重空间使用的灵活性。在住宅的使用过程中，老人身体功能的衰退、保姆陪护需求的出现、新型设施设备的应用、居家养老服务的普及等都会对住宅空间提出新的要求，因此在设计上应留有余地，以应对今后可能发生的变化，满足老人从健康到护理全过程的空间使用需求。

1. 采用小型化、轻便化的家具

为便于空间的灵活布置，老年人住宅当中不宜大量采用固定式的家具。建议适当采用小型化、轻便化、可组合拼接的家具（图5-44），以满足老人根据自身需要调整家具位置和空间布局的要求。

茶几长边拼接，能在其中一个沙发座　　　　　　茶几短边拼接，能使在座的每个人
前面留出更大的空间　　　　　　　　　　　　　面前都有可用的台面

图 5-44　小型化、轻便化、可组合拼接的茶几示例

2. 插座点位的布置应兼顾房间的多种布置形式

老年人住宅当中的插座点位布置应兼顾房间布置的多种可能性，以避免使用过程中房间布置形式的变化影响电器的正常使用。例如，老人卧室内插座点位的布置就应注意兼顾床位长边靠墙摆放和床位两侧临空摆放的可能性（图5-45），以防点位被家具遮挡而无法使用。

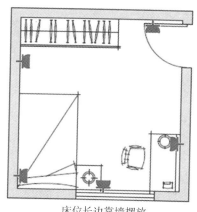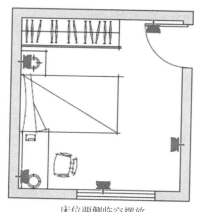

图例：

床位长边靠墙摆放　　　　　　　　　床位两侧临空摆放　　　　　　　电源插座

图 5-45　老人卧室内插座点位的布置应考虑房间家具布置的多种可能性

四、推进住宅的"适老化"改造

家家有老人，人人都会老。老年人住宅的"适老化"改造是每一个家庭、每一个人都应该关心的大事，需要全社会的积极参与和相关行业大力支持，共同推动老年人住宅"适老化"居住环境的营造。

（一）普及家庭住宅"适老化"装修设计知识

随着我国人口老龄化程度的逐步加深，将有越来越多的家庭面临家庭住宅"适老化"装修改造的问题。传播"适老化"家装设计知识，提高公众认知水平，发动家庭力量为老年人住房进行"适老化"改造，对积极应对人口老龄化具有重要意义。

可借助图书、报刊、杂志等纸质媒介载体和网站、微信、视频等电子媒介载体，采用科普文章、卡通漫画、电视节目等通俗易懂的形式，面向广泛的受众群体进行家庭"适老化"装修设计知识的传播普及，使之真正成为老百姓见得到、看得懂、学得会、用得上的知识，为老年人家庭的"适老化"装修设计提供切实的帮助。

（二）开展老年人住房入户调研与评估工作

建议培训专业人员进行老年人住房入户调研，对老年人的身体状况、住宅设计使用现状及存在的安全隐患展开调查，对老年人的"适老化"设计需求进行评估，提出针对性的"适老化"改造建议，合理引导老年人家庭对住房内的日常生活设施进行"适老化"改造，有效匹配专业装修队伍和家具设备厂商等资源。装修改造期间应注意老年人的妥善安置。对于在经济、生活等方面存在困难的老年人家庭，可结合具体情况对其住宅的"适老化"改造给予适当的补贴支持。

（三）研发"适老化"家具部品和设施设备

做好住宅的"适老化"装修改造，不仅需要掌握"适老化"设计的理念、知识和技能，还需要依靠"适老化"家具部品和设施设备的支持。相比于一般的家具设备，"适老化"家具设备具有安全性更高、使用更轻松、操作更简便等特点。例如，一把"适老化"座椅就应做到：结构安全稳固，不因老人起坐的受力变化而发生移动或倾覆；无尖锐棱角，避免磕碰发生安全事故；轻便易移动，采用轻质材料，并通过在椅子前腿上设置滑轮、在椅背上设置镂空抠手等方式方便老人移动；设有靠背，减轻老人久坐时腰部和背部的负担；设置扶手，方便老人坐下和起立时撑扶；等等（图5-46）。又如"适老化"的坐便器的高度应略高于普通坐便器，设置扶手和靠背，冲水按钮清晰醒目且位于方便老人触碰的位置；"适老化"的洗手池底部留空，台面设有抓手，方便轮椅老人接近和使用等（图5-47）。

图 5-46 "适老化"座椅的设计案例

图 5-47 "适老化"洁具的设计案例

此外，在改造条件受限的情况下，一些"适老化"产品的介入往往能够起到至关重要的作用。例如，通过重新铺设地面的方式处理地面高差工程量较大，在高差较小时可通过在设置倒坡构件实现轮椅的无障碍通行（图5-48）。相比于硬装改造，"适老化"家具部品和设施设备的应用更有利于简化改造流程、缩短改造时间、减少甚至消除改造工程对老人正常生活的不利影响，以通过尽可能小的改造动作，有效提升老年人居住生活的安全性和便利性。

图 5-48　利用倒坡构件解决门槛高差的案例

　　然而，目前市场上成熟的"适老化"家具部品和设施设备还较为匮乏，有待结合老年人的身心特点、使用需求以及其住房的基本条件，进行相关产品的设计研发。建议鼓励和扶持一批有实力的企业从事"适老化"家具部品和设施设备的需求调研和设计研发工作，推动相关产业的快速发展，以满足不断增加的市场需求。

第六章　老年人照料设施的
规划设计

　　近年来，我国在老年人照料设施建设方面取得了较好的进展，养老床位数量得到了较快的攀升。"十二五"期间，我国养老床位数增加了 340 余万张，基本实现了全国每千名老年人拥有 30 张养老床位的目标。[①] 但与此同时，我国在老年人照料设施的设计建造方面仍存在很多不足，特别是在空间的"适老宜居"方面有待加强。本章从"适老宜居"设计的内涵出发，重点对"适老宜居"的规模配置与空间设计要点进行梳理和介绍，供以后老年人照料设施项目的设计建设参考之用。

　　老年人照料设施是为老人提供集中照料服务的设施，是老年人全日照料设施和老年人日间照料设施的统称，属于公共建筑，[②] 亦被叫作养老设施。根据服务半径和服务内容的不同，可主要分为养老机构和社区养老服务设施两大类。养老机构是指为老年人提供集中居住和照料服务的机构，社会上也将养老机构称为养老院、敬老院、社会福利院、老年护理院等。社区养老服务设施能够为居住在周边的老年人提供社区养老服务，包括各类文娱活动、日间照料、短期照料等服务。社区养老服务设施的种类较多，如社区老年人日间照料中心、托老所、养老机构的日间照料部等。有关养老机构和社区养老服务设施的定义、常见名称、服务对象及内容等信息，可参见附表 6-1。

---

　　① 国家统计局 . 中华人民共和国 2016 年国民经济和社会发展统计公报［EB］. 2017.
　　② 《老年人照料设施建筑设计标准》（JGJ450－2018），2018 年 3 月 30 日发布，2018 年 10 月 1 日起实施 .

一、什么是老年人照料设施的"适老宜居"设计

老年人照料设施的空间环境设计需要做到"适老宜居"，目的是让老年人享有高质量的生活环境，并且便于员工开展服务。即老年人照料设施"适老宜居"设计的含义包括两个层次：

第一，是要满足老年人的需求，包括其对空间的基本需求（如安全、便捷、私密等），以及对空间品质的合理追求（如舒适、温馨、交往等）。

第二，是要满足服务人员对空间的需求，包括其对空间的便捷、高效要求等，以便他们为老人提供更好的服务。

二、我国老年人照料设施在"适老宜居"方面的现存问题

（一）项目规模或配套不合理

近些年来，我国一些地方出于尽快提高床位数量、完成建设目标等原因，出现了老年人照料设施项目建设规模过大、床位数过多的问题，有的项目规模突破千床甚至达到几千床，但由于运营成本高、入住率提升缓慢等原因，导致后期的运营管理难度很大。此外，还有的项目为了达到多设床位数的目的，在建筑空间上过分压缩公共面积，导致公共服务配套不足的问题，造成老人公共休闲交往空间、后勤服务空间等的缺乏，降低了老年人的居住生活品质，也很不利于员工开展服务。

（二）项目前期缺乏运营方的参与

目前我国有大量的老年人照料设施项目在前期开发设计阶段，未寻求运营方或运营顾问的介入，而是等到开发后期甚至建成验收之后，才着手寻找运营团队。由于前期缺乏对运营服务方

需求的考虑，结果常导致空间的功能布局不符合运营需求，如：走廊过长、后勤服务用房位置过于分散等，造成服务动线过长、浪费运营人力的问题。而当后期运营方接手时，发现为时已晚，只能要么凑合用，但是人力成本高且影响运营效率和质量，要么不得不花钱改造，但硬件成本的再次投入又加大了经营压力，陷入两难。

（三）"适老宜居"设计不到位

我国步入老龄化社会不到二十年，在建筑设计、室内装修、施工工艺等层面，相关经验积累还有所不足，一些规划设计人员与施工人员对老年人的需求认识也不深，导致大量项目"适老宜居"设计不到位、不细致。一方面，有许多项目的空间环境存在安全隐患、舒适性低，如：地面材料不防滑、有眩光，存在摔倒危险；扶手安装不正确、起不到辅助支撑作用；公共空间通风采光条件差，令人感觉憋闷、不舒适；等等。另一方面，也有很多项目的空间环境较为消极、单调，如：走廊平直、缺乏装饰；活动室功能单调、缺乏吸引力；等等。这些都可能令老人对设施和服务产生心理排斥，感觉不温馨、不像家，最终降低了老年人的整体生活质量和幸福感。

（四）对空间环境"适老宜居"的监督不足

我国对于老年人照料设施在设计与施工方面的"适老宜居"工作，尚未形成完善的质量指导或监管体系。无论是设计方、施工方，还是监理方、政府审核机构，对项目的审核都仅围绕基本规范要求进行，造成大量建成项目仅能满足"无障碍"要求，缺乏对"适老宜居"的广度和细节的深究和审查。这种对"适老宜居"的低要求状况，使得老年人照料设施的整体建设水平难以提高，无法满足老年人对养老服务市场日益提高的要求和期待。

三、老年人照料设施"适老宜居"的规划设计要点

老年人照料设施实现"适老宜居"的要点，主要包括四个方面。首先，是要在项目的早期策划和规划阶段，确定合理的项目规模与功能配套，这是"适老宜居"设计的重要前提之一。其次，要在后续的建筑设计阶段，满足安全、舒适、便利等基本要求。第三，是要在空间设计中营造较高的环境品质，满足老人对隐私、社交、温馨等方面的情感需求。最后，还要考虑运营服务人员对动线、视线等方面的要求，以便提高服务效率、节省人力，实现可持续运营。

（一）项目的规模和配套需适当

1. 养老机构的床位规模和床均面积应合理

养老机构的总体规模大小，主要与项目的床位规模和床均建筑面积有关。其中，建议总的床位规模应在200～300床为宜，最多不宜超过500床。而床均建筑面积建议为30～60平方米左右。也就是说，一个独立的养老机构项目的总建筑面积宜控制在6000平方米到3万平方米左右。

以上有关项目规模的建议，主要来自我们对国内多位养老机构院长的采访调查结果。我们调查了解到，200～500床是一位院长带领一组运营团队进行管理的适宜规模（图6-1）。规模过大不但会导致管理难度加大、人员投入增多，也不利于老人之间的交往与熟识。但是如果设施床位数过少，就又存在运营效率低、盈利困难等风险，需要考虑通过服务外包、连锁经营等方式，来降低运营和经营风险。

至于床均建筑面积大小，则主要取决于项目的市场定位和建设档次（图6-1）。例如，定位为经济型、福利型的养老机构项目，

其床均建筑面积一般在 30 平方米/床左右；而定位高端的项目由于居室面积大、公共空间种类多的原因，其床均建筑面积可能会达到 60～70 平方米/床左右。床均建筑面积不能过小，否则会造成居住拥挤、空间局促，但也不能过大，否则会导致费用过高，老人难以承受，因此建议要控制在 30～60 平方米/床为宜。

图 6-1 养老机构适宜的建设规模示意图

2. 养老机构的公共配套面积需适中

养老机构中的建筑面积大致可以分为公共配套面积和老人居住面积两大部分。公共配套面积主要包括走廊、老人公共活动空间、后勤服务空间，以及商业、医疗空间等。一般来说，定位经济型、福利型的项目，其公共配套面积通常可占到总建筑面积的 30% 到 40% 左右，而定位高端的机构则可以达到 60% 左右。养老机构的公共配套面积不能过小，否则会造成很多使用上的不便，尤其是老人活动空间受限、后勤服务与管理办公空间的不足。同时，公共配套面积也不宜过大，否则会增大运营管理的负担。从经验角度来说，养老机构项目中公共配套面积的占比在 40%～60% 左右为宜（图 6-2）。

3. 社区养老服务设施的建设规模应与周边需求匹配

社区养老服务设施项目的建设规模，主要与周边老年居民对其服务内容的需求量有关。不同类型的设施在建设规模上会有较大差异，例如：社区老年餐桌的服务对象主要是能够步行到达此处的居家老人，服务比较单一、面积需求通常不大，总体建筑面积一般从几十平米到一两百平米不等。而社区托老所和日间照料中心提供的

公共配套面积 包括：

公共活动、公共餐厅、公共卫浴、

医疗、管理办公、走廊楼电梯

公共厨房、清洁洗衣、设备 …等

老人居住面积 包括：

所有老人居室

公共配套过少	（服务设施短缺、不利于服务质量与居住品质）	
	< 30%	>70%

公共配套适中		
	40～60%	40～60%

公共配套过多		
	>70%	<30%
（前期建设及后期运营成本投入过高、运营难度加大）		

图 6-2　养老机构的公共配套面积与老人居住面积配比规律

服务类别可能较多，因此总体建设规模通常为数百到几千平方米左右。此外，社区托老所和日间照料中心的床位数量也不需要太多，以 10～100 床左右为宜，用于向附近社区老人提供长期、短期入住等服务。

（二）确保老人的安全、舒适、便利

无论对于养老机构还是社区养老服务设施，安全、舒适、便利都是适老宜居环境建设的基本要求。伴随年龄的增长，老年人在视力、听力、身体平衡能力、活动能力等各方面有所衰退，使得老人更容易发生跌倒、绊倒、磕碰等事故，因而空间环境设计需要特别注意保证安全性。并且，由于身体机能的减弱，老人对环境的适应能力下降，对温度、湿度、光线、通风等物理环境要求普遍更高，因此设计时还要尽可能提高室内外环境的舒适性。考虑到不同身体状态老人活动能力的差异，适老宜居环境建设还需保证老人在使用拐杖、助步器、乘坐轮椅等助行设备及各类辅具时的便利性。

1. 地面平整、防滑、无眩光

老人对地面微小的高差常常不敏感，一个几毫米的高差就可能导致老人绊倒、骨折甚至卧床。因此，在老年人照料设施室内外空间中，地面材质选择与铺设均应注意平整、防滑，特别是在材质交界处。例如，卫浴空间的入口门槛处，常规施工做法常安装过门石，以过渡卫生间内外的不同材质。过门石看似仅凸出地面几毫米，但很容易被老人忽视，尤其是一些老人习惯拖着脚走路，进出时极易绊倒产生危险（图 6-3）。如果在材质交界处采用压边条或者隐形收边条等构造做法，同时做好卫浴空间地面的排水找坡，就能很好地避免过门石带来的高差（图 6-4）。

图 6-3 卫生间门处过门石凸出地面，老人易绊倒

图 6-4 材质交接处采用隐形收边条，避免卫生间内外出现高差

一些较为高档的老年人照料设施中，常会模仿五星级酒店的内装设计，采用光滑的石材或瓷砖铺地。然而，这些材质过于光滑，容易使老人滑倒，在光照下还会产生眩光，使老人眼部不适，甚至引发其他安全问题（图 6-5）。PVC 地胶、木地板、防滑瓷砖等材质平整、防滑，适合在老年人照料设施中采用（图 6-6）。

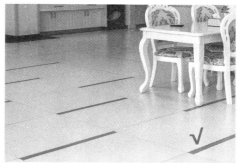

图 6-5　地面采用光面石材，过于光滑　图 6-6　地面可采用亚光材质的防滑地砖
　　　　且容易产生眩光

　　在室外活动场地和道路的设计中，应避免大量采用凹凸不平、有缝隙或存在微小高差变化的铺地材质。例如，石块、石板类路面可能使乘坐轮椅的老人通过时感到颠簸不适，汀步还可能使老人的拐杖、助行器端部卡在缝隙中，导致老人绊倒（图 6-7）。老年人活动场地材质应符合平整、坚实、不反光、防滑且遇水不滑等基本要求，以保证老年人活动时的安全与顺利，例如平整的地砖、沥青等。同时，对于球类、健身等动态活动场地，最好采用有一定弹性的地面，如橡胶地垫、塑胶材质，减轻摔倒时的磕伤（图 6-8）。

图 6-7　室外道路采用汀步，　图 6-8　室外地面宜采用平整、防滑材质
　　　　使用拐杖的老人容易
　　　　绊倒

2. 家具、墙角、地面特殊处理以避免磕碰

由于腿部力量、平衡能力衰退，老人很容易跌倒。跌倒时，若周边的家具、墙体带有尖角，可能会使老人磕碰、二次受伤。因此，老人使用的桌椅、柜体等家具的角部最好能够采用圆角设计，抽屉的拉手等也应为圆弧形，避免磕碰老人（图 6-9）。墙的阳角应做切角或圆弧处理，也可安装成品的护角，避免老人磕碰。同时，室内地面最好选用带有一定弹性的木地板或者地胶材质，尽可能缓冲老人跌倒后的冲击力。除了防止老人跌倒时的磕碰之外，还需注意防止老人磕碰头部。例如，吊柜的底部层板不宜过低，且柜角不宜突出（图 6-10）。

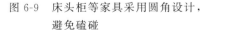

图 6-9　床头柜等家具采用圆角设计，　　　图 6-10　突出的吊柜角很容易磕碰
　　　　　避免磕碰　　　　　　　　　　　　　　　　老人头部

在公共空间中，落地窗、墙体、镜面等竖向界面 35 厘米以下高度均应设置防撞板或踢脚，避免乘坐轮椅的老人踏板及脚部磕碰到墙体、玻璃，引发安全问题（图 6-11）。

3. 保证通风采光条件和适宜的温湿度

"空气好，光线好，不冷不热，不潮湿不干燥"是许多老人对舒适的定义。在老年人照料设施中，良好的通风采光不仅是为了卫生、消毒要求，明亮的光线、温暖的阳光、新鲜的空气也有助于老人保持良好的身心状态。老人的居住、活动空间应尽可能保证对外开窗，能够自然通风采光。在一些改造类项目中，原建筑进深较大，中部空间通风采

图 6-11　玻璃门下方设置高约 35 厘米的防撞板，防止轮椅磕碰玻璃

光不良。此时，可采取一定设计手法，例如开设天井、设置天窗等等，避免出现间接采光的"黑房间"（图 6-12、图 6-13）。

图 6-12　改造类项目中，通过加设天井等方式，增强大体量建筑中部空间的自然通风采光

图 6-13　通过设置天窗，保证公共活动空间的自然通风采光，创造明亮、舒适的氛围

设有空调系统时，也应注意自然通风采光设计。在一些采用中央空调高端的老年人照料设施中，由空调调节室内温湿度与送新风，容易忽略老人自然通风采光需求，一些老年人照料设施甚至将外窗设计为不能开启的固定扇。老人多习惯开窗通风，在无法自然通风的房间中常会感到"闷"、"有味道"（图 6-14），夏季还容易形成

"温室效应"，既不舒适又增加了空调能耗负担。特别是对于卧床的失能老人来说，能够开窗通风、快速排除异味是必须满足的要求。

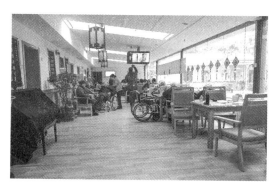

图 6-14　公共活动厅设置落地窗、没有开启
扇，夏季活动室容易感到闷热

　　无论在南北方，老人都喜欢晒太阳，因此，老人居室的朝向以南向为最佳。当老人卧室朝西向时，应注意采取遮阳措施，如窗扇设置遮阳百叶、卷帘等，避免下午强烈的西晒使老人感到燥热不适。当居室朝向北向时，也可采用凸窗等建筑手法，尽可能争取到一定采光量（图 6-15）。

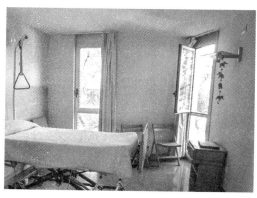

图 6-15　北向房间开设斜角窗，使东向阳光
得以进入，满足老人对日照的需求

4. 空间尺寸满足不同身体情况老人的活动需求

　　老年人照料设施中，许多老人需要使用轮椅、拐杖、助步器等工具助行。老年人照料设施的交通空间与功能房间、室外活动空间

等应当充分考虑老人的多样需求，尽可能方便不同身体条件的老人通行、活动。尽管各类标准规范中经常引用无障碍设计规范，但老年人照料设施的适老宜居设计不仅限于无障碍设计，需要考虑更多细节，满足不同身体条件老人的日常活动需求。

例如，为使乘坐轮椅的老人能够更加顺畅地出入、转弯，在老人使用的卫生间、浴室中，均应当保证门扇开启净宽不小于 0.8 米，在可能情况下宜为 0.9 米（图 6-16、图 6-17）。为便于担架床、病床进出，居室开启后净宽度不应小于 1.1 米。

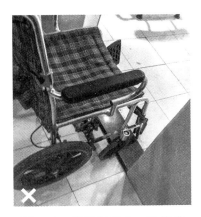 

图 6-16　浴室门过小，轮椅进
　　　　　出困难

图 6-17　浴室门开启净宽大于 1 米，满足浴床、
　　　　　轮椅进出

在居室布置时，床侧应当留出 0.8 至 1.0 米宽的轮椅进出空间，便于老人在轮椅与床之间移乘，也便于护理人员在床边辅助老人。在老人接近使用的桌子、服务台、洗手池等位置，均应在台面下方留出净高不低于 65 厘米、进深 30～45 厘米左右的空间，便于乘坐轮椅的老人腿部插入台面下方，靠近和使用台面（图 6-18、图 6-19）。

5. 扶手等设施设备正确安装

扶手是帮助老人撑扶借力、保持身体平衡、避免跌倒的重要辅助设施。在老人长时间行走的走廊两侧，需要起立坐下的重心转换处，以及台阶、坡道处，一般均需要设置扶手。在调研中，我们看到很多老年人照料设施虽然安装了扶手，但安装位置、安装方式、

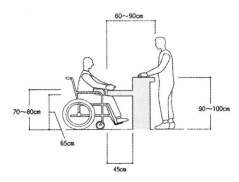

图 6-18 服务台设置挑出的低位台面，便于乘坐轮椅的老人接近、使用

图 6-19 洗手池下方留空，便于乘坐轮椅的老人接近、使用水池

扶手形式的选择存在很多问题。例如，扶手方向装反，使得老人无法扶握（图 6-20）；又如，走廊中扶手安装高度过高，使得老人难以借力（图 6-21）。此外，扶手过粗、材质过于冰凉等，也会使老人扶握不舒适，扶手形同虚设。

图 6-20 L 形扶手安装方向反，老人无法借竖杆起身

图 6-21 扶手过高，老人难以撑扶借力

走廊中，扶手安装高度宜为 0.85～0.90 米，扶手截面直径不宜过大，以 35～50 毫米为宜，扶手端部还应设置回弯，避免老人刮到袖口（图 6-22）。同时，在如厕、洗浴区等空间，也需设置扶手，辅助老人

坐下站起，避免老人由于站立不稳、地面湿滑等原因跌倒（图 6-23）。

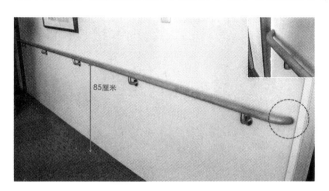

图 6-22　走廊中扶手的正确安装方式
　　　　　与端部处理方式

图 6-23　卫生间马桶两侧设
　　　　　置扶手，便于老人
　　　　　起坐

　　扶手不仅指单独安装的扶手，家具的扶手与台面也是老人可供撑扶的好帮手。老年人照料设施中家具配置需要考虑老人撑扶需求。例如，最好选择带有扶手的餐椅，便于老人撑扶起身（图 6-24）；又如床尾应设带扶手的床尾板，便于老人下床后扶握。床边可摆放书桌、五斗橱等高于床头的台面类家具，便于老人撑扶起身（图 6-25）。同时，扶手安装要特别注意其牢固性，避免安装在承重不好的轻质隔墙，易造成老人撑扶后摔倒[1]。

图 6-24　带扶手的餐椅便于老人借
　　　　　力起身

图 6-25　床头布置小书桌，便于老人撑扶

---

[1]　关于扶手正确安装的构造详图可参见《无障碍设计》图集 12J926.

6. 家具设备高度位置合适

老年人照料设施中，老人经常操作的设施设备及储藏柜高度应适合不同身体情况老人的使用。设计时应兼顾行动自如老人与乘坐轮椅老人的操作便利，避免让老人踮脚或弯腰，产生危险。例如，插座一般距地 0.6～0.8 米，且常用插座需尽量设置在操作台面之上，避免老人弯腰（图 6-26）。开关面板一般距离地面 1.1 米，兼顾站立与乘坐轮椅的老人操作。呼叫按钮的位置应设置在方便老人按动的位置，例如马桶前侧呼叫按钮高度宜为 0.4～0.5 米，并设置拉绳，老人不慎跌倒时也可够到呼救。

图 6-26　常用插座设置在桌面上方，便于老人插拔

老人常用的储藏柜格不宜过高或过低，主要柜格应设置在伸手容易够到的高度范围（自理老人 0.65 米～1.85 米，乘坐轮椅的老人 0.55 米～1.35 米）。当老人居室内设有简易厨房时，可设置中部柜（1.2～1.6 米），放置常用物品，便于老人拿取（图6-27）。

图 6-27　简易厨房区设置中部柜格，便于老人取放常用物品

（三）设计提升老人的生活质量

除了满足老人基本的安全、舒适、便利之外，适老宜居环境的营造还应关注老人的精神需求，努力提升老人的生活品质。生活品质的提升并不依靠豪华昂贵的硬件设施，或者阔绰的面积空间。更重要的是为老人提供有隐私与尊严的、温馨如家般的居住环境，促进老人开展自己感兴趣的活动、增进彼此交往，度过有意义的晚年生活。

1. 居住空间保证私密性

人到晚年，仍然有对隐私和尊严维护需求，尤其是休息、睡眠的居室空间，应尽可能保证私密性。老年人照料设施中居室类型应以单、双人间为主，避免设置过多三人间、四人间等类型的多人间。设置多人间时，也需要利用家具或者拉帘划分每位老人的休息空间，尽可能保证每位老人的私密性，避免相互影响（图6-28、图6-29）。居住空间中还应避免过多采用固定家具，而应留出一定灵活性与"空白"，供老人摆放自己家中习惯使用和喜爱的家具，赋予以个人化特征，为老人带来熟悉感、归属感（图6-30、图6-31）。

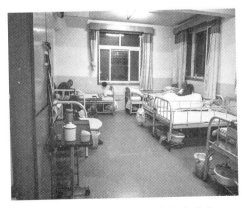

图 6-28　缺少分隔的多人间中老人毫无隐私感

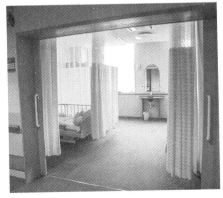

图 6-29　多人间设置拉帘分隔，保证隐私

图 6-30　居室采用固定家具，老人难以　　　图 6-31　居室留出一定"空白"给老人
　　　　　自由布置居室　　　　　　　　　　　　　　　自由布置，形成个性化、如家
　　　　　　　　　　　　　　　　　　　　　　　　　　般的居室空间

2. 公共活动空间具有丰富性

公共活动空间是供老人开展各类文体娱乐活动、促进社会交往的重要空间。随着时代的发展，老年人精神文化需求的提高，老年人照料设施中老年人的活动种类日趋丰富。除了常见的棋牌、阅览、唱歌、跳舞、做操之外，各种文体兴趣小组、联欢会、宗教信仰等活动越来越丰富，这就要求公共活动空间要具有丰富性和灵活性。

调研中发现，老年人照料设施中的公共活动空间存在一些共性问题。例如，在一些老年人照料设施中，为了尽可能多布置居室以容纳更多老人，公共活动空间面积不足，工作人员难以找到合适的场所组织安排活动，老人只能挤在一起活动，十分不便。另外，许多设计师在进行老年人照料设施设计时，生硬照搬规范中的对房间功能的要求，将公共活动区划分为一个个独立房间（图 6-32），造成了单个房间面积过小、功能单一、灵活性差等问题。

老年人照料设施中的公共活动空间可以不再设置功能固定的"xx 室"，而是设置一组不同大小、不固定具体功能的多用途公共活动空间、活动区，增加空间利用效率。例如，可以将书画、上网、阅览等相对安静、个人化的活动空间合设为书画阅览区；将舞蹈、做操、合唱等需要隔音的集体活动空间合设为音乐活动区（图 6-33）。多用途的活动空间还有助于引发参加不同活动的老人彼此交流。

图 6-32　公共空间划分过小，氛围冷
　　　　　清、灵活性差

图 6-33　休闲娱乐区融入手工、棋牌、
　　　　　阅读等多功能

　　社区养老服务设施中的活动组织往往与社区老人的文化背景、兴趣特长有关，空间布局应当留出弹性和灵活性，尺寸宜方正，并在部分空间预留照明、音响等基础设施设备，使老人能够灵活开展多种文化娱乐活动。

　　走廊、电梯厅等交通空间也可以作为公共活动空间的补充。很多老人喜欢在走廊中散步，或者在候梯时聊天，可结合走廊、电梯厅设置聊天角、休息区，甚至是健身活动区，促进老人自发活动、交流（图 6-34）。

3. 环境氛围营造温馨感

　　对于入住老年人照料设施的老人来说，设施就是晚年的家，其空间氛围应尽可能创造如居家环境一般的温馨感。调研发现，一些高端老年人照料设施往往按照高档酒店设计，空间阔大、装修装饰也较为奢华，反而容易给老人带来较为疏离、冷漠的感受。而另一些

图 6-34　电梯厅布置座椅供老人休息聊天

老年人照料设施以医院病房区为蓝本进行空间设计，空间过于功能化，强调卫生与效率，也缺少温馨感。

老年人照料设施空间环境的尺度、布局、家具及装饰风格应特别注重亲切化。例如，入口空间尺度不宜过大，可采用亲切的家庭式入口，增加老人进入设施时的亲切感（图 6-35、图 6-36）。又如，在平面布局时，应尽量避免过长的走廊，可以在走廊拐角处、中部布置一些交流角落，使得整体环境更加温馨、丰富。同时，在家具选择时，应尽量避免选择体量过大的沙发、茶几，而选择更加轻量化的小型沙发、坐凳，既可营造出轻松、温馨的家庭感，也方便根据不同使用灵活调整家具的摆放（图 6-37、图 6-38）。

图 6-35 过大的空间尺度容易产生空旷疏离感

图 6-36 某社区日间照料中心入口给老人以亲切感

图 6-37 大型沙发较为庄重、但灵活性差

图 6-38 某社区日间照料中心采用小型沙发、茶几创造亲切感，可灵活搬动

（四）设计助力高效运营服务

合理的老年人照料设施空间环境设计能够方便护理人员为老人提供服务，有效节约人力成本，提高运营管理效率，有助于设施的可持续发展。

1. 视线通达

在老年人照料设施中，视线设计十分重要，好的视线设计能够帮助护理服务人员及时看到、了解到老人的动态，及时提供服务。老年人照料设施的老人居住层中，常常会设置供护理人员记录、值班的护理站（台）。为提高工作效率，护理站的位置选择应保证视野较为开阔，便于护理人员随时看到走廊及老人主要活动空间，不宜设置为较为闭塞的形式，或者设置在视线不佳的角落（图6-39）。为便于护理人员了解各个空间中老人情况，公共区域还可采用矮柜、格栅等元素分隔空间，既保证空间安定感也有助于提高公共活动空间的灵活性（图6-40）。特别是对于社区型老年人照料设施，往往需要同时承担多种功能，采用灵活划分空间的方式也便于适应不同的使用需求。

图6-39　护理站可看到活动区，便于护理　　　　图6-40　公共区域采用格栅分隔，护
　　　　人员及时响应老人需求　　　　　　　　　　　　理人员可随时了解老人情况

2. 动线短捷

老年人照料设施中，空间布局应充分考虑护理人员的日常操作流程，尽可能缩短工作流线，节约护理人员的体力、提高效率。例如，协助老人洗浴后，通常会需要收存换洗下来的衣物、洗衣、晾晒等。

可将污物处理室、洗衣间、晾晒平台就近布置，便于护理人员就近操作。又如，当老人在每层集中用餐时，宜将送餐电梯、备餐区、用餐区临近设置，可以大大减少护理人员运送餐食、残食碗碟的工作量。

3. 便于服务

在空间设计中，应当充分考虑到护理人员协助老人的空间需要。例如，半失能、失能老人坐姿洗浴时，通常需要 1～2 位护理人员在旁协助。而一些老年人照料设施中，淋浴区用实墙分隔为一个个小隔间，护理人员助浴操作空间十分局促（图 6-41）。如果采用软帘隔断，就能够大大提高空间使用的灵活性（图 6-42）。

图 6-41　分隔过小的淋浴隔间不便于护理　　　图 6-42　采用浴帘划分洗浴区，更便
　　　　　人员协助乘坐轮椅的老人洗浴　　　　　　　　　于护理人员的助浴操作

四、推进老年人照料设施的"适老宜居"设计

实现老年人照料设施的"适老宜居"不只牵扯到建筑设计专业，更是一件需要全行业协调配合的事情。这就包括要从开发流程、行业宣教、项目审查等多个方面做出努力，从而助力老年人照料设施"适老宜居"水平的提高。

（一）运营方应尽早参与项目的前期策划

在老年人照料设施的前期策划和早期设计阶段，不可忽视来自运营方的经验和想法。因为运营方在项目的建设内容、场地规划、建筑设计等方面，都有可能提出关键性要求，包括需要哪些服务配套用房、需要哪种平面布局以满足服务流程需求等。尽早明确运营方对建筑空间环境的要求，才能创造出既"适老宜居"，又符合运营方服务理念和标准的老年人照料设施。

（二）鼓励设施的多功能化和社区化

老年人照料设施需要使用住区中相对优质的土地资源（选址要求交通便捷、公共配套较为成熟等），以利于老年人的日常生活。但是在城市老年人照料设施项目的开发建设中，常出现用地紧张、项目规模受限、同时养老需求复杂等情况。这就要求要在建设模式上勇于创新、因地制宜。比如，对于社区养老服务设施项目来说，可以倡导建设社区型小规模多功能项目，通过承载多类社区养老服务内容来提高土地利用效率、满足多种养老需求，同时也有利于降低运营成本。又如，位于城市住区中的养老机构可与社区养老服务中心合并建设为综合型养老服务中心，为周边老人提供"一站式"养老服务，多角度、多层次地满足当地老年人的养老需求。

（三）加强对设计与施工人员的教育培训

加强专业人员的培养，是改变我国目前从业人员"适老宜居"基础知识相对不足，专业技能相对有限的根本途径之一。对此，首先需要加强对设计与施工人员的教育培训，通过培训活动以及各种信息与媒体渠道，向广大设计与施工人员宣讲"适老宜居"设计与改造的知识和经验方法信息。其次，需要重视对项目设计与施工"适老宜居"方面的审查。此外，还需要编制老年人照料设施的"适老宜居"设计与施工手册和图集等，供设计单位、施工单位、验收单位等相关专业人员以及设施设备厂商等直接参考和选用。

表 6-1　我国老年人照料设施的两种类型与主要特点①

类别		定义	常见名称	服务对象	服务内容	是否提供养老床位
养老机构（即老年人全日照料设施）		为老年人提供生活照料、医疗保健、文化娱乐等综合服务的养老机构	养老院、老人院、社会福利院（中心）、光荣院、敬老院、老年护理（养护）院（中心）、颐养中心	自理、介助（半自理/半失能）、介护（失能）老年人	医疗保健、生活照料、文化娱乐、社会工作等	是
社区养老设施（即老年人日间照料设施）	社区老年日间照料中心	为以生活不能完全自理、日常生活需要一定照料的半失能老人为主的日托老年人提供膳食供应、个人照顾、保健康复、娱乐和接送等日间服务的设施	日托所、日托站	生活不能完全自理、日常生活需要一定照料的半失能老年人	膳食供应、个人照顾、保健康复、娱乐、交通接送等	可提供
	托老所	为老年人提供短期接待和托管服务的社区养老服务设施，设有起居生活、文化娱乐、医疗保健等多项服务设施	托老所、全托所		起居生活、文化娱乐、医疗保健等	

① 我国的老年人照料设施在类型、功能定位、服务对象、服务内容等方面仍处于不断探索和变化之中，相互之间的差异性也尚未完全明晰，故本表仅能反映当前我国老年人照料设施的情况特点，供读者参考。

表 6-2　老年人照料设施设计相关图集

图集名称及编号	实施日期	适用范围	主要内容
《老年人居住建筑》04J923－1	2004 年 6 月	城镇中专为老年人设计及使用的公共设施、居住建筑及室外场地等	老年人及其各类设施的基本尺寸和技术标准，并给出了典型的建筑平面设计示例
《无障碍设计》12J926	2013 年 2 月	公共建筑、居住建筑、城市广场及道路等的无障碍设计	根据《无障碍设计规范》GB50763－2012 的主要内容和顺序进行编制，提供了有关无障碍设计、施工、安装等的常用设计图示、构造详图和工程案例
《老年养护院标准设计样图》13J817	2013 年 12 月	老年护理院、敬老院、老年公寓、社会福利院、光荣院等老年养护院项目	老年养护院的规模选址、平面布局、装修构造以及常用标识的设计等，并提供了建筑设计参考方案
《社区老年人日间照料中心标准设计样图》14J819	2015 年 4 月	社区老年人日间照料中心，以及养老机构、社区其他公共服务设施中用于日间照料的部分	老年人日间照料中心的规模选址、平面布局、相关用房设计、以及细部构造详图等，并提供了多个建筑设计参考方案

第七章　适老出行环境

作为维持适当的生活水准必不可少的因素之一，更大的出行自由度和更高的出行质量在现代社会居民生活中越来越重要。由于退出社会主流以及健康衰退和家庭结构的变化，老年人容易产生孤独感，这使得老年人的社会交往意愿更加强烈，更希望"多走出去看看"，并且越来越多的老人在退休后希望继续从事工作和志愿活动。从出行方面考虑，老年人——这个社会居民中的特殊群体，能够方便地达到他想要去的地方，与家人、朋友见面，参与文化、休闲、体育、志愿活动，便利地进行逛街购物、看病就医，甚至继续从事工作，是建设老年宜居环境必须考虑的问题之一。让老年人度过一个幸福充实的晚年，不妨从给他们"说走就走"的勇气开始。

一、老年人出行难的表现

(一) 建筑出入口及楼栋内出行阻碍大

建筑出入口及楼栋内出行环境是指建筑物中与老年人出行活动相关空间的环境，包括楼梯、电梯、走廊、建筑出入口等交通空间。建筑出行环境中面临的最大的问题就是解决垂直交通对于老年人出行所带来的阻碍。老年人出行借助助行器或轮椅等工具已是很常见的事，所以任何形式的台阶或楼梯都对于老人的独立出行造成了难以逾越的障碍。自从 2012 年国家颁布《无障碍环境建设条例》以来，新建建筑开始注重上述问题，即通过在建筑出入口设置无障碍坡道、建筑内部设置电梯等方式来解决老人出行时垂直交通的问题。而老旧小区中的住宅建筑由于建造时间较为久远，当时适老宜居建设意识差，建筑造价控制严格，建筑出入口处缺乏无障碍设施、未设置电梯导致上下楼难等问题非常严重（图7-1）。目前我国部分城市已经开始了老旧社区的改造行动，其中解决老年人的出行困难就是最为重要的一部分。

图 7-1　老旧住宅缺乏竖向交通辅助措施（王羽拍摄）

　　除了无障碍问题，台阶或楼梯本身的设计也存在一些不合理的情况，比如踏步尺度过高或过低、高度不平均、台面材质未考虑防滑、楼梯形式、未设置扶手等，均可能成为老年人出行时的安全隐患。

　　除了垂直交通的障碍，水平交通的一些细节如果在设计时未能充分考虑，同样会对老年人的出行造成不便。走廊或室内外过渡空间地面的防滑措施可以有效地避免老年人出现跌倒的情况，但一部分建筑中仍然没有进行相应的材料铺设。一旦遇到雨雪天气，泥水被带入室内，就很容易发生危险。同时，走廊一类的通路中设置有门框、门槛或者高差之类的障碍，会严重地影响轮椅或助步器的正常通行。此外，户门和楼栋门也欠缺适老化考虑，存在门扇过重、不便操作等问题。

不仅仅是以上提到的安全性和便捷性方面的问题，出行环境舒适性建设往往更容易被忽略。目前的建筑出行环境往往色彩冰冷单调，缺乏对于老年人心理舒适感的营造。

（二）室外出行环境问题多

室外出行环境可以满足老年人的室外活动需求，愉悦身心、强身健体，也有着重要的交通作用。小区内部道路或是养老设施周边的道路所面临的最大问题就是人行交通与车行交通的交叉，而且人行道不连续。目前部分新建小区已经开始注重人车分流的交通设计，但老旧小区的内部道路仍然大量存在人车交通交叉的情况，成为安全隐患。此外，随着年龄的增长，老年人的记忆力与辨识能力往往会有所下降，但一些道路及园区中的构建筑物的规划与布局使得环境的引导性与方向感较差，导致老年人难以找到正确的方向及路径。

图 7-2　社区内车辆停放行驶杂乱，道路界线不明显（刘浏拍摄）

室外出行环境中无障碍设计考虑不足，缺乏坡道或相关标识的环境很容易给老年人的出行带来不便和阻碍。人行道路的宽度、坡度、路面材质等问题也都应被考虑。此外，室外出行环境中植被配置不当、休憩设施缺失或设施设计不合理、夜间照明照度不足、设施及路面的色彩暗淡等问题都容易造成老年人身体和心理上的不适。

（三）整体步行环境不佳

我国整体步行环境仍然处于初级阶段，管理水平低，老年人出行障碍大。例如，步行道不完整不连续，导致行人经常不得不与机动车混行，或横穿马路；护栏过多、位置不合理，给行人增加了大量的绕行距离；人行空间被停车、商贩等占用。此外，步道路面凹凸不平、缘石坡道不规范、电线杆及拉线、裸露树坑、广告牌、凸出的绿地等障碍物，不翼而飞的井盖……所有这些暗藏的"杀机"，埋下了大量的安全隐患。交叉口过宽、过马路的时间不够、车辆在路口不按照交规礼让行人不仅会给老年人造成巨大的心理压力，还会严重威胁他们的人身安全。

图 7-3 行人过街绿灯时间不足，被动闯红灯

（四）非机动车交通系统不完善

非机动车主要包括自行车、三轮车、外形尺寸符合有关国家标

准的残疾人机动轮椅车等以人力或者畜力为驱动的交通工具。我国非机动交通的设施、法律和管理均缺乏，非机动车出行条件较差的问题比较突出。

例如近几年来，老年代步车的普及为部分老年人的出行带来了方便，但也带来了许多道路交通的安全隐患，与老年代步车相关的交通事故辆逐年上升。目前，老年代步车上路无须驾驶执照，而许多老年人未经过任何培训，或仅通过一些不正规的培训就上了路。在道路交通情况复杂时，他们往往难以及时恰当地应对，导致严重的后果。据了解，市场上目前销售的很多老年代步车构造设计存在不少安全隐患：一是最高时速过高，大大超过了代步车允许的范围；二是缺乏安全保护设施；三是代步车事实上已经超过了法律对非机动车的定义界限，但无法购买交通强制险，先天缺少对事故中的其他车辆进行赔偿的能力。

图 7-4　教训：老年代步车事故造成 2 人死亡

（五）公共交通对老年人的照顾不足

目前公共交通对老年人的照顾仅仅体现在经济补贴和少数老年人专用座上，但这远远不能满足老年人的出行需求。老年人对公交的抱怨主要集中在候车时间过长、安全和舒适性差、公交站设施缺乏、公交站台信息获取困难、公交站台坐凳数量不足、照明不合理等。一些老年人甚至不得不自备座椅。上述原因就促成了下面的现象：上车前，一些老年人追赶公交车；上车后，老年人被挤伤、摔伤；汽车紧急刹车或加速，造成没有座位的老年人重心不稳导致摔伤；早高峰与通勤族出行冲突尖锐，老年人出行活动加重了早晚高峰时段的公共交通负荷。

（六）城市轨道适老性差

我国城市轨道站和车的设计还无法满足老年人的需求。一方面，车站设置的垂直电梯数量不够，位置也不尽合理，而且经常处于停止运行的状态。另一方面，车站内导向标识设置不合理，存在大量违反认知习惯和自然行为之处，这也制造了大量不合理的迂回、绕行和难以理解的路径安排。对于老年人来说，提供的信息不够清晰，阻碍了寻路和短时间记忆。这样的设计使得很多老年人不适应轨道交通的方式。

二、住区出行"适老化"基本要求和规划设计要点

我国 2012 年颁布《无障碍环境建设条例》，并于同年发布国家标准《无障碍设计规范》（GB 50763－2012）。目前和老年人建筑相关的设计规范有《老年人照料设施建筑设计标准》（JGJ450－2018），对老年人出行环境提出了相关要求。

（一）住区适老出行环境的基本要求

安全性——老年人的行动能力和反应能力会有所退化，所以营造出行环境时必须保证老年人的人身安全，通过降低老年人跌倒摔跤的可能性、避免人行车行流线的交叉等相关措施来提供环境的客观安全条件。

便捷性——出行环境的便捷性一般体现在环境中的无障碍路线、无障碍设施，以及各类设施的合理布局与可达性等方面，老年

人行动多有所不便，更需注重出行的方便和快捷，以提高老人出行以及生活的质量。

辨识性——衰老、疾病等原因使老年人记忆及认知能力下降，所以出行环境中需要增加标识指示牌、声音与灯光提示、地面铺装、环境的个性塑造等，以帮助老人明确方位与路径。

舒适性——出行是老年人日常活动中最频繁也是最必要的诉求之一，所以出行环境的舒适性与宜人性的营造非常重要。通过植被、铺装、标识、配套设施等要素的相关设计以体现出环境的亲和力，为老年人的心理带来安全可靠、温馨幸福的感受。

（二）建筑出入口及楼栋内适老出行环境设计要点

1. 垂直交通中的适老化设计

建筑中的台阶应保证踏面平整，并选用防滑材料。台阶的踏步宽度不宜过小，高度不宜过大，各级台阶的宽度与高度应均匀。上行及下行的第一阶宜在颜色或材质上与平台地面有明显区别或在踏面和踢面的边缘做垂直和水平的色带以提示前方踏步的变化。

坡道形式首先应当注意坡度，无障碍通道的坡度不应超过 1：20，无障碍坡道不能大于 1：12，坡道的形式宜为直线形或直角形，不应采用圆形或弧形，坡面应平整、防滑、无反光，不能选用质地坚硬的抛光石材，但也不宜为了增大摩擦力而将坡面做成礓磋形式或割槽形式。坡道应合理设置休息平台，临空侧应设置安全阻挡措施。

建筑出入口处坡道的起始位置不宜过远。出入口处设置台阶时，踏步数不宜小于两级。当平台与室外地坪的高差在 150mm 以内时，可直接用平缓的坡道相连接。三级及以上的台阶两侧应设置连续的扶手，台阶的宽度过宽时，应在中间加设扶手。扶手可做成上下双层，方便直立老年人与轮椅老年人使用。扶手应防滑且尺寸合适，材质体感适宜，使老年人抓握舒适。出入口的坡道会占据一定室外空间，当无法设置坡道时，可设置可升降平台（图 7-7）。

图 7-5 出入口台阶材质不防滑、未设有平台、台阶与坡道未覆盖雨棚
（刘浏拍摄）

图 7-6 平台空间被座椅占用、坡道未覆盖雨棚（刘浏拍摄）

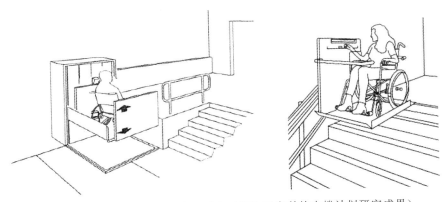

图 7-7 出入口升降平台示意（"十二五"国家科技支撑计划研究成果）

平台上方需设置覆盖平台及台阶的雨棚，且雨棚上的排水应避开其下面的坡道、台阶等人流经过处，从而避免上方落物伤人、雨雪天气时出入口处积水湿滑。

楼梯不应采用螺旋或弧线形式，梯段净宽不应过小，梯段间休息平台的尺寸要能保证担架可以通过。楼梯应尽量平缓，但不应采用过高或过低的踏步。楼梯梯段两侧均宜设置连续扶手，并与走廊扶手相连。楼梯或者台阶的起始踏步前，应当设置提示盲道。提示盲道的设置，除了对视力受损的老年人有帮助，即便是对视力正常人士，提示盲道也有一定的警示安全作用。

满足适老化的电梯应当是无障碍电梯。首先，电梯门与轿厢的尺寸必须满足轮椅使用的宽度要求。其次，按照规范，电梯应当具备自动平层装置，消除轿厢内外的地面高差。再次，三面轿厢壁均宜设置扶手，扶手高度在 850～1050mm，其内部应具备适合轮椅人士的选层按钮，高度应在 900～1000mm。最后，正对电梯门的轿厢壁应当在 900mm 以上使用镜面材质，能通过镜面反光观察到轿厢门的开启情况，轿厢

图 7-8　某养老机构公共楼梯（刘浏拍摄）

内和电梯厅中都应设置电梯运行显示装置和报层音响装置，并在合适的高度设置应急呼叫按钮。

2. 水平交通中的适老化设计

水平交通主要指建筑内部连接各类空间的走廊或水平路面。适老化走廊的布局与形式宜简单直接、方向性明确，避免采用曲折、漫长、黑暗的走廊模式。走廊铺地材料的选择应当避免眩光。在满

足疏散净宽的前提下，宜在走廊两侧设置上下双层扶手。当户门向走廊方向开启时，户门前宜设置尺寸合适的凹空间，避免通行或暂留的老年人被撞伤。若需要使用门时，应尽量不设置门槛，或设置门槛时，以斜面过渡。走廊和门都应该满足轮椅及担架的通行需求。在流线交叉处应局部放大空间并将阳角进行圆角处理或软性处理。

3. 明确清晰的标识系统

标识系统分为警示类、指示类、说明类等。其中警示类标识需考虑留给老年人提前准备的时间，因此应与可能危险位置有一定的距离。公共走廊的墙面应设明确、清晰的标识，说明楼层、房间号及疏散方向等信息。楼内各种设备用房、设备管井应设置明确的用途标识。

标识应安全牢固。不宜在通行道路上设置凸出的标识牌，悬空标识牌下方净空不宜过小，避免倾覆伤人与意外磕碰。标识的颜色、文字与图案应醒目，并符合标识标准和习惯，避免引起歧义。标识的位置要明显，宜与音响、视觉、震动等装置相结合。

4. 养老设施对于交通流线设计的特殊要求

养老设施相较于普通的住宅，有更多的功能需求。为了保证老人的安全与舒适，除了满足一般住宅中的出行环境建设要求外，还应注意合理安排各种流线以及出入口设计与管理。

养老设施内主要包括老年人流线、服务流线、管理流线与后勤流线，其中老年人流线应尽量避免与管理及后勤流线相交叉。老人流线主要涉及社交、运动、就餐、沐浴等行为，路径应清晰、具有趣味性与识别性，并使服务人员视线可达。管理流线与后勤流线应隐蔽，避免对老人的生活造成影响。

养老设施出入口的外部应醒目，易于老年人及其家属找到，并在出入口附近设置入住接待登记室与总值班室。但从养老设施内部考虑，出入口应与生活区域有明显分区，便于工作人员管理，避免老人走失。

（三）室外适老出行环境设计要点

1. 道路系统宜设计为人车分流

由于老年人行走缓慢、动作不便，社区道路系统应尽量采用人车分流，避免车行交通对人行交通的干扰，为充分发挥人车分流模式的优点，可对小区道路设计不同的路线、标志和标线，并结合实际情况选择立体分流或平面分流来对行人和车辆进行有效分离。如果因社区路段及其他原因无法采用人车分流，应在车行道和步行系统的交叉处设置清晰的指引和安全设施，确保老年人有一个安全、舒适的道路出行环境。

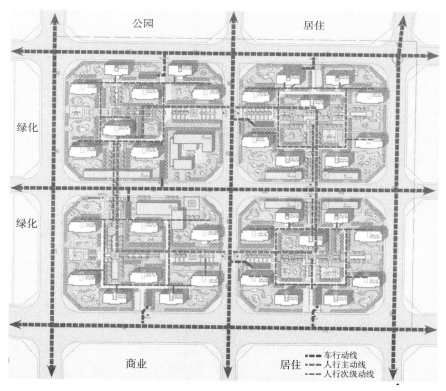

图 7-9　社区采用平面分流实现人车分流

　　老年人出行会选择不同的交通方式，为方便老年人驾车出行，应为使用轮椅的老年人提供足够的无障碍停车位，且停车位和无障碍通道连接顺畅，同时设置醒目的交通标识，提供充足的夜间照明。

　　当老年人选择乘坐公共交通工具出行时，公交站点应具有良好的可达性，公交车辆应具备无障碍设施和相应服务。

　　老年人大部分时间会选择步行出行。老年人行走缓慢、视力不佳，因此机动车道路上应设置醒目的人行横道、安全岛等安全措施，以保证老年人的安全。

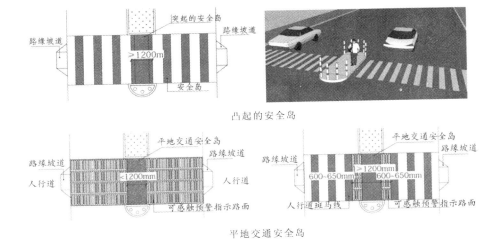

凸起的安全岛

平地交通安全岛

图 7-10　安全岛形式示意

[《"十二五"国家科技支撑计划研究成果：养老居住建筑设计图集》（在编）]

2. 出行路径需要可达、方便、快捷

　　为了保证老年人能够顺畅的通行，社区道路的设计应体现可达性，即在室内外空间之间和不同的室外空间之间给予较舒适方便的连接，并应保证救护车能就近停靠在住宅的出入口，以便特殊情况时能够及时进行治疗。

　　由于老年人视力下降、方向感减弱、易迷失方向等问题的存在，道路系统应该简洁通畅，且具有明确的方向感和识别性。步行路线应避免漫长而笔直，步行道应互相连通，形成环路，转折点或终点设置标志物以增强导向性。步行道路路面应选用平整、防滑、色彩鲜明的铺装材料，在防止老年人摔倒的同时，增强明显的识别性。

为了方便老年人通行，社区道路应体现无障碍设计：

（1）步行道路无障碍设计：老年人使用的步行道路应做成无障碍通道系统。步行道经过车道以及不同标高的步行道相连接时应设路缘坡道；整条步行道途中不得设置台阶梯道或与台阶梯道高度相似的高差，坡度不宜过大，当坡度过大时，变坡点应予以提示，并宜在坡度较大处设扶手。

（2）宽度与高度：步行道宽度需考虑轮椅使用者安全通行的要求。室外无障碍通道应当满足净宽 1.2m 的要求，轮椅使用者与步行者错身时，人行道最小宽度应可供轮椅与人并排舒适通过。

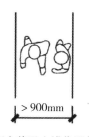
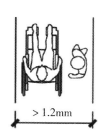
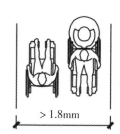

两个普通人错位通行宽度≥900mm

轮椅使用者与一人错位通过的能行宽度≥1.2m

独立轮椅使用者和推轮椅者通行宽度≥1.8m

> 900mm   > 1.2mm   > 1.8mm

图 7-11　步行道的宽度要求

［《"十二五"国家科技支撑计划研究成果：养老居住建筑设计图集》（在编）］

（3）无障碍停车位：与老年人活动相关的各建筑物附近应设无障碍停车位，无障碍停车位的数量应当满足相关规范要求，并设置 1.2m 宽的侧向通道，以便轮椅老年人使用，并应与人行通道无障碍衔接。轮椅使用者使用的停车位应设置在靠停车场出入口最近的位置上，并应设置国际通用标志。

3. 出行环境优美宜人

通过对老年人室外行为特点的一系列观察发现，庭院空间与街道空间是老年人最经常使用的室外环境空间。庭院空间可供老年人

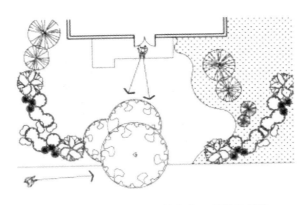

图 7-12　庭院空间中主景和入口标识的植物
[《"十二五"国家科技支撑计划研究成果：养老居住建筑设计图集》（在编）]

进行邻里交往、休憩、休闲等活动，室外环境中的庭院空间，可以看作是老年人的户外起居室。通过各种设施和空间组织，应塑造出理想的庭院空间来满足老年人的生理和心理需求。

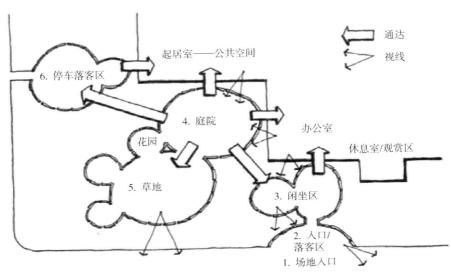

图 7-13　室外环境空间结构示意图①

①　克莱尔·库泊·马库斯，卡罗琳·弗朗西斯. 人性场所——城市开放空间设计导则 [M].俞孔坚，译. 北京：中国建筑工业出版社，2001.

街道空间则是老年人前往各种目的地所需要的重要通道。老年人在街道空间中进行的步行活动，既可以愉悦身心，强身健体，也有着重要的交通作用。步行空间是指以步行为主要出行方式的空间，包括交通所用空间和休闲活动所用空间，它主要包含有步行道、居住区内交通道理及设施等。

绿地环境设计也是室外出行环境感受营造的一个重要组成部分，在绿地环境单纯的观赏、遮阴、围和的功能上，增加绿地的适老功能，减少不当植物对老年人的危害，尽量发挥其绿化功能的实用功效。同时由于老年人的视觉和记忆力的衰退，而住区中居住单元的相似性较高，可以通过植物的种植搭配，通过色彩和造型的差异增强居住单元入口处的辨识性。

三、城市交通"适老化"基本要求和规划设计要点

理想的适老交通环境能够满足老年人对出行的所有需求，而好的适老出行环境应该让老年人在出行时获得不低于其他年龄段人群的安全性、经济性和便利性，并在服务方面获得更全面的照顾。我国交通发展起步较晚，基础相对薄弱，应该先从满足安全和必要出行的保障入手。

（一）适老交通环境要确保安全

安全需求是人最基本需求，也是目前老年人出行最大的障碍。解决好安全问题，老年人出行的问题就解决了一半：一是在遵守交通规则的情况下，老年人能够独立地、安全地在社区内和城市街道上行走；二是老年人在等候和乘坐公交车，以及上车下车过程中，能够出现不安全事故；三是老年人在乘坐地铁、城际铁路、远途铁路时，在进站、候车、上车、乘坐、下车、出站等过程中，能够平稳高效地抵达目的地。

1. 城市道路步行安全设计要点

（1）步行有道。各级市政道路两侧均应设置人行道，且不应中断或有障碍，人行道与机动车道衔接处应设置缘石坡道。人行道的最小宽度应该符合规范要求。

人行道最小宽度明细表

项目	一般值（m）	最小值（m）
快速路辅路、主干路	4.0	3.0
次干路	3.5	2.5
支路	3.0	2.0
商业或公共场所集中路段	5.0	4.0
火车站附近路段	5.0	4.0
长途汽车站附近路段	4.0	3.0

同时应该对人行道进行分区，形成步行通行区、设施带与建筑前区，分别满足步行通行、设施设置及与建筑紧密联系的活动空间需求。人行道内不应设置妨碍行人通行的设施和障碍物。

图 7-14　典型道路断面设置：注意在绿化设施和行道树之间应留足行人步行的空间

步行通行区要求

人行道类型	步行通行区宽度建议
临围墙的人行道	1.5—2 米

续表

人行道类型	步行通行区宽度建议
临非积极街墙界面人行道	3 米
临积极界面或主要公交走廊沿线人行道	4 米
主要商业街、以及轨交站点出入口周围	5 米
主要商业街结合轨交出入口位置	6 米
主、次干路两侧人行道	加宽 0.5—1 米

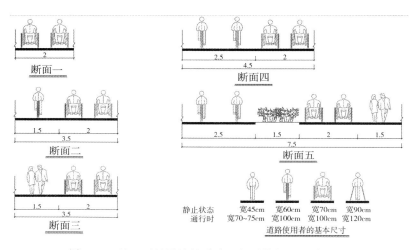

图 7-15　基于通用设计的道路人行道横断面设计指引

步行通行区应保持连贯、平整，避免不必要的高差；如有高差时，应设置无障碍坡道、缘石坡道等无障碍设施。步行通行区内必须设有安全、连续的盲道，保障盲人无障碍出行。

（2）慢行优先。鼓励通过设计手段强化街道的公共空间属性，提供安全、舒适的慢行环境。对于路网较为密集的住区，可对支路以 30 公里每小时作为设计限速，并对慢行交通及其他街道活动较为密集的路段和交叉口综合运用缩窄车道、水平线位偏移、全铺装道路等道路设计措施，与管理措施相结合，对路段车速进行进一步限制。尽量减少老年人面对机动交通的威胁，降低发生交通事故的概率。

图 7-16　连续的步行道案例

图 7-17　立体减速彩色铺装　　　　图 7-18　水平线位偏移设
　　　　　　　　　　　　　　　　　　　　　　置临时停车带

　　（3）过街安全。在道路交叉口处，鼓励通过地面标识、连续人行道铺装、抬高式人行道等标识与街道设计提示次要道路车辆减速，确保主要道路的优先通行权。无交通信号、不分主次的道路交叉口应通过地面标识、路口铺装等方式提示进入路口的机动车减速。

　　信号灯控制交叉口优化与完善信号相位和配时设置，减少交叉口的冲突，改善交通秩序。

图 7-19　路口保持人行道铺装与标高连续，通过抬高或斜坡形式保证人行顺畅

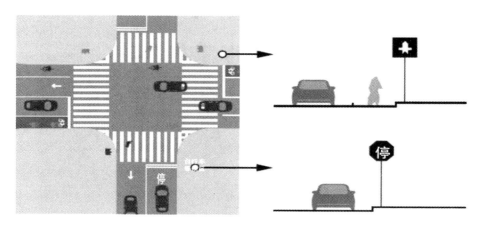

图 7-20　交通标志

对于路幅较宽、车流量较多，行人无法一次穿越的道路应合理设置中央安全岛。

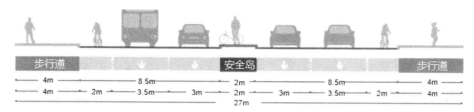

图 7-21　安全岛宽度宜不小于 1.5 米，最窄不得低于 0.8 米

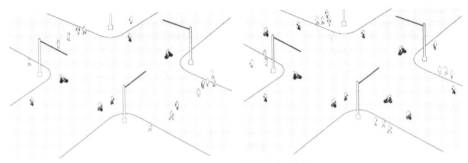

图 7-21 信号控制相位优化

实现安全步行的一般技术手段

人车分流

在可能的情况下使用行人徒步区

减少步行需求大的通道上的车流量，或将车流从行人活动频繁的区域，例如住宅区等地引导到其他通道上

降低限速

设置人行横道

使用街灯

提高已有设施的标准

足够的步行宽度

使用护栏/路桩，防止停车占用人行道

交通稳静化设计

安全岛

路缘石延伸

2. 公交车安全设计要点

（1）公交车要做到无障碍化

首先，上下车要考虑老年人和轮椅人士的需要，降低高差，便于老年人、残疾人更方便地上下车。前后车门设置上下车踏板，并应设供残疾人放置轮椅的无障碍特需区域，并提供轮椅固定装置。

其次，车内还应配备特殊装置的视频音响系统和呼叫系统，满足视觉残疾者、听觉残疾者与紧急情况者的使用要求。

再次，保证车内通道宽敞，尤其是特需区域，为了通行的方便，只在周圈设置两排座位，使通道更加流畅。

最后，公交车的加减速采用辅助驾驶系统，使刹车加速变得更加柔和。

图 7-22 带上下车踏板的低地板公交车

上海市无障碍公交设计特点

● 低入口

● 宽门口

● 上下踏板

● 足够数量的视频、音频、视觉感应装置

● 应急专用设施（应急呼叫系统、应急折叠床）

● 抓杆防滑处理

（2）公交车站需进行适老化设计

路缘石的高度与公交车门的高度基本相同，高差不超过20cm。

同时建议无障碍公交车候车亭设置视觉感应设备和听觉感应设备。包括盲文标志牌，触摸位置牌，到站预报系统。

图 7-23　公交站台特殊铺装

3. 地铁、火车安全设计要点

（1）引导设施要做到醒目，有序行通道分岔处均设有指示牌，且指示牌上明确标出各种无障碍设施的方位。在无障碍设施处，比如无障碍卫生间、无障碍电梯、无障碍出入口等，也应在易于看见的地方设置标识，充分起到引导作用。

图 7-24　指向清晰、内容全面的指示牌

对于规模较大的枢纽，例如火车站、大的地铁换乘站，由于枢

纽内功能区较多，只依靠标识往往不够。建议以对比色和不同花纹的铺装来划分功能区，既突出不同区域的风格和特点，也能让残障人士和反应较缓慢的老年人从视觉和心理上得到暗示，表明已进入到另外区域，起到提示作用。

（2）各类设施做到无障碍化

枢纽内外的坡道设计彰显设施功能的通用性。应遵循在能设置缓坡处，尽量不设置台阶这一准则。一般在轨道交通车站、公交枢纽站和交通枢纽内连接商业的出入口及换乘通道、连廊等处均会设置坡道。

各类设施的尺寸应尽量考虑到轮椅使用者和使用辅助站立设施（如拐杖）的人。

图 7-25　新加坡地铁站换乘通道及连廊处的坡道

图 7-26　日本地铁系统，考虑了轮椅使用者的高度和宽度。地铁站的自动检票口会有专门供轮椅出入的一个比较宽的入口

图 7-27 新加坡地铁专用候车区

（二）适老交通环境要足够便捷

（1）在公交规划方面，应尽量减少换乘次数。如果需要换乘，则应该做到引导清晰，换乘路程短且安全。

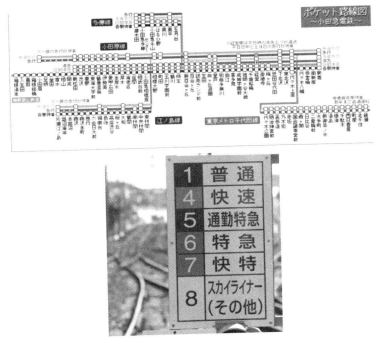

图 7-28 日本的地铁同一条线路分不同速度的列车，最大限度降低换乘次数

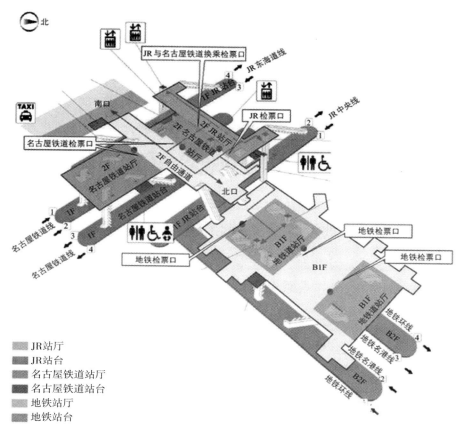

图7-29　金山站交通衔接布局。金山站位于日本名古屋市的副中心，是由JR线、民
　　　　铁线（城际轨道交通、市域轨道交通）、地铁车站形成的综合客运枢纽。车
　　　　站通过将JR线公司、民铁线公司和地铁公司的车站有机结合，对换乘站进
　　　　行综合建设，并设置公用的进出站检票口，极大减少了换乘距离，有效提
　　　　高了乘客换乘的便利性。

　　（2）社区范围是老年人日常消费和生活的主要范围，也是相对
容易出现交通事故的地方。在新建社区时，要转变社区规划方法，
协同考虑土地利用与交通，让老人尽可能短途内达到出行目的，按
出行方式配置住区商业。

　　（3）为老年人提供相对完整的软性服务和特殊服务。完善老年
交通服务链，特别是远距离出行的交通服务链。例如，我国民航开

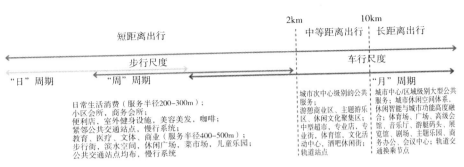

图 7-30　社区应配备的设施和范围示意图

设包括专人陪同服务，协助老人取票、进站，护送老人上车等服务。美国的社区交通会为老年人提供出行链服务、陪护、门到门的服务。在我国，铁路运输是远距离出行重要的运输系统，其使用的频率和普及程度高于飞机。但目前，铁路车站、火车的无障碍设施，以及服务水平，还不能满足老年人的出行需要，尤其是那些身体条件较差、需要特殊服务的群体，在没有亲人陪护的情况下就很难出行。因此，铁路系统应借鉴民航系统的做法，研究设置针对老年人群体的特殊服务。

四、如何建设适老出行环境

适老出行环境的建设在我国的不同地区和不同类型的城市面临着不同的问题。对于发达城市而言，更多的困难在于如何对既有建筑和环境进行改造以及无障碍设施的升级优化。而对于其他城市来说，则应全面重视规划、设计、施工、验收、管理、维护等各个层面的适老交通环境的营造，要从法律标准、改造推进、公交建设、老人的支付能力等多个方面做出努力。

(一) 建立完善的法律和标准体系

我国交通适老化建设水平较低，与管理制度、政策法规的不完善有很大的关系。目前现有的相关设计规范内容较为笼统，分类相对混乱，缺乏法律效力，导致规范的执行情况也不理想。因此，建议效仿日本研究颁布《交通无障碍化法》，将所有涉及交通且与老年人和其他弱势群体相关的内容纳入该法。

我国现行适老环境交通相关导则及标准

《建筑设计资料集》（第三版），2017

《上海街道设计导则》，2016

《城市公共空间设计建设指导图集》，2016

《无障碍设计规范》（GB 50763—2012）

《绿道规划设计导则》，2016

《铁路旅客车站建筑设计规范》（GB50226—2007）

《铁路旅客车站无障碍设计规范》（TB 10083—2005）

代表性的发达国家无障碍法律

美国的《残疾人保障法》（ADA）对公共设施，包括人行设施、公交站点的公交乘车区等都给出了详细的修建标准。对于无障碍系统，国家级的一般只作原则性和指导性的最低要求的规定，各地方州、市可以因地而宜制定自己的实施细则。无障碍技术标准和法规，在实施中还要不断受到评价和修改。美国标准协会规定，每五年修改一次。在资金方面，联邦政府还通过了授权法，对老年人交通进行补贴。例如面向 21世纪的 MAP21 每年划定月 2500 万美金用于老年人和残疾人交通的改善。

2000 年，日本政府颁布了《交通无障碍化法》要求所有的交通设施和服务必须对老年人和残障人士可达。并建立了一套客运设施集中改善框架，以及框架与市交通规划的衔接的方式。规定凡是老年人/残疾人频繁使用的站点和附近的主要设施都被列入要求的改善范围内。所有地方政府都要制订行动计划，并与当地公交机构、警察机构（主要是交通标识和其他公共区域的标识）、道路运输署等部门密切合作。

欧美等发达国家都对老年代步车的使用有明确的法律规定。例如，英国交通法将老年代步车分成三类，每一种类型有相应的尺寸、时速要求。并规定，老年代步车的驾驶无须获得驾照，但使用前需上牌。其中只有第三类可以在机动车道上行驶。此外，交通法还规定了在人行道上行驶的代步车时速不得超过 9.6km/h。

（二）推进住区无障碍通行环境改造

公共设施的提供者可以是政府，也可以是私人部门。城市道路、公共场所（公园、广场等）、交通枢纽等市政公用设施，政府对其负有维护和管理的义务。其他属于房地产开发商、物业或业主共有的住区或周边相关设施，可通过公众参与、监督和问责等形式，形成对老旧小区的更新机制，建立社区向政府关于设施改善的申请机制和政府的审核机制。

　　建立数据库，分析各类设施改造的优先级。比如，一般情况下，文娱场所和公交站点是老年人可能经常光顾的场所，那么住区与这些区域的通道则可作为优先考虑。还可通过问卷调查等形式，征求老年人的意见。

（三）开展适老公共交通建设

　　一是规划无障碍公交线路和站点。研究部分线路，设置一定比例的无障碍公交车和无障碍公交站台。无障碍公交线路布设主要经过市、区残联服务机构、大型医院、图书馆等重点公共场所。无障碍公交站台主要依托无障碍公交走廊分布。同时建议在残疾人、老年人聚集且公交未覆盖的区域开通社区巴士。无障碍公交车可采取

图例	依托生活性干道的无障碍廊道	重点无障碍慢行单元分区	市界	区界
	依托生活性次支路的无障碍集散道	生态绿地	水域	

图 7-31　深圳市公共交通无障碍发展规划体系

多设座位、少设站位，并通过低票价鼓励老年人乘坐，高票价抑制其他人群的使用，每日定时定点运营。

二是应对公共交通系统采取灵活安排的优惠政策。例如，大城市在交通拥挤期间，可以取消除票价优惠，而在非高峰期间进行更大的优惠。

（四）充分考虑老年人的支付能力

我国的老年人对公交的依赖性强，在很大程度上是因为公交相对便宜，又有补助政策。但对于一些人群和地区，公交很难完全满足他们的出行需求，例如偏僻区域、远距离的出行或时间比较紧急的就医出行。而纯市场提供的打车服务，通常只适用于经济条件较好，或者有子女赡养的老年人，其他老年人对这类服务是望而却步的。因此，在保证足够的公交补贴的同时，让老年人能够享受他们能够支付得起的打车、拼车服务非常重要，因此，推荐需求响应型公交。

需求响应型公交（DRT）是介于常规公交与私人小汽车之间的一种新型的灵活出行模式。最早主要服务于弱势群体，例如老年人、残疾人等，后逐渐推广，目前广泛应用于低人口密度地区。具有三种线路模式：半固定线路模式、区域服务模式和广域服务模式。发达国家针对老年人的 DRT 大部分是自下而上，由社区组织，具有很强的公益性质和公民自发的性质。针对我国国情提出以下建议：

第一，建议交通运输部立项开展关于推行需求响应式公交服务系统的研究工作，并将老年人需求响应服务进行专题研究。开展需求响应式公交服务系统的相关技术、政策、经营许可、法律法规上的研究，提出可行方案。

第二，选择部分区域开展示范计划，研究示范计划的运行方案，包括运营主体、车辆配置、派遣系统中心、乘客预约系统、车队通信系统等的建立。在示范初期可依托企业为运营主体，政府在软硬件设施的建设上可给予支持。例如，最初的社区公交可以由政府立项，出租车公司提供服务，政府为出租车公司提供补贴的形式。

第三，对于合乘车或服务于老年人/残障人士的爱心出租车要给予补贴，鼓励司机进行这种服务的积极性。对部分失能或经济困难的老人给予相应的经济补贴。

美国的需求响应交通案例

老年人"辅助交通"（STP）项目于2000年启动，至今全美已经有三百多个社区参与。"辅助交通"是指由社区自发提供的，除去私人小汽车和市政公共交通以外的，针对老年人和残疾人的交通服务。STP旨在满足一般交通服务无法满足的需求，例如通常STP会提供出行链服务、陪护、门到门的服务。STP的另一个优势是它为85岁以上（行动严重受限）的老人提供服务。

50％的STP项目在20世纪80年代就已经开始开展了。现存的STP有40％位于农村地区，21％位于城市，13％在郊区。而80％的提供者是非营利性组织。从服务的出行目的来看，61％医疗，42％社会型，19％宗教性质，另有35％服务于任何出行目的。57％的STP服务是免费的。从司机的构成来看，34％是志愿者，42％雇佣，20％是一半使用志愿者，一半使用雇佣司机。

PasRIDE是美国加州帕萨迪纳市发起的一个STP项目。以不同票制的形式对老年人进行补贴：（1）按次收费，一次2.5美金。（2）按里程收费，30美分每英里。（3）按月收费，每个月24美元。每种票制适合不同交通需求的乘客，例如，长距离出行可以使用第一种付费方式，短距离使用第二种，而规律、频繁出行的老年人可以采用第三种。（The Beverly Foundation，2014）

第八章　适老生活环境

老年是人类生命中的一个必经阶段，要创造适老的生活环境，让老年人继续拥有熟悉的生活。大多数老年人或者在老年期的大多数时间，他们的生活需求与其他年龄并无太大差异。当然老化也意味着身心功能的逐渐衰退，老年人不同程度地会对设施和服务有着特殊需求。适老生活环境，就是要通过城乡社区规划、社区服务、社会福利和医疗保健等公共政策，创造适老化的生活环境，适应老年人不同生命历程及身心状态变化，让老年人能够继续安心、安全地生活在自己所熟悉的地方，并能促进身心健康和社会参与。

一、让生活更安心便利

（一）老年人的行为特征

中国老龄科研中心《城市老年人居住环境研究》课题组 2015 年在江苏省无锡市和山东省烟台市开展的典型调查显示，中老年人（50 周岁及以上的常住城市社区的老年人）平均每天在家的时长为 19.78 小时，平均每天在社区内活动的时长为 2.24 小时，在社区外活动时间为 2.06 小时。超过六成的被访者每天都会在社区内活动，频数最高的活动是体育锻炼和与邻居聊天。2016 年在北京市城六区开展的抽样调查显示，老年人平均有超过 18 个小时待在家里，在 1 公里外范围活动的平均时间为 3.23 小时，在 1 公里内范围活动的平均时间为 2.80 小时。

上海一项在 2010—2013 年间完成的涵盖 1175 位老年人的调查

研究显示，^① 从日常出行的活动范围看，中心城和市郊住区的老年人选择 300m 以内活动范围的比例最高，分别占总数的 43％ 和 36％；选择 301～500m 和 501～800m 活动范围的老年人比例下降至 20％ 左右。日常出行常在 800m 以外范围的仅占总数的 11％（市区）和 14％（郊区）。从老年人对既有生活服务设施的使用情况来看，菜市场位列第一，无论在中心城区还是郊区的比重都显示为最高。除菜市场以外，中心城区前往公园、商业点、老年活动中心的选择比例占据前三；郊区使用最多的设施依次是公园和商业点。

可见，老年人的活动范围随年龄增大而逐年逐渐缩小，这是生命历程发展的普遍规律。因此，在老龄社会背景下，城市居住区的规划设计必须考虑老年人的行为轨迹与活动要求。同时，还要考虑老年人的生理、心理及社会特点对户外环境的特殊需求，为必要性的户外活动（如购物、等人、候车、邮寄、就医）提供安全、适合的条件；为自发性的户外活动（如散步、观赏有趣的事情、唱戏、玩棋牌、晒太阳）提供适宜的条件；为社会性户外活动（互相打招呼、交谈、各类公共活动以及仅以视听来感受他人）提供必要的条件^②，从多个方面满足老年人对物质文化、精神心理的需求，为老年人创造良好的居住生活环境。

（二）按照需求布置服务设施

适应人口年龄结构的变化，社会服务设施要跟着人走，与需求人群的空间布局相适应，力求实现空间分布的适度均衡，合理配置公共服务设施。尽可能在最近的范围内满足老年人及其他人群基本日常生活所需，设置便利店、菜站、早餐店、银行网点、邮政网点、报摊、活动场地等服务设施，形成便民服务圈，营造良好的生活环境。

---

① 于一凡，等. 上海市社区居家养老服务设施体系研究 [J]. 建筑学报，2016（10）.
② 张剑敏. 适宜城市老人的户外环境研究 [J]. 建筑学报，1997（9）.

鉴于城市建设用地日趋紧张、旧城更新空间资源匮乏的实际情况，应鼓励将专门为老年人服务的老年人专享型设施和兼顾老年人需求的城市共享型设施进行资源共享。譬如社区老年活动中心的建设应考虑结合社区文化中心和公园绿地等文娱休闲场所，老人日间照料中心的选址宜靠近社区卫生服务中心或其他医疗机构等，既便于老年人一次出行完成多项任务，又有利于提高各项公共服务设施的服务绩效。[①]

应当明确，居家养老服务不是完全的设施新建和系统重构，而应当大力引导和促进现有服务系统和服务资源适应人口老龄化的发展趋势转型升级，更好地满足老年人居家养老的需求。要树立全龄型、大整合、大服务的理念，各类社区服务都要充分考虑老年人的服务需求，全面提升社区服务水平，以大社区服务覆盖居家养老服务。要转变理念，整合资源，共享发展，社区内的各类资源都应当充分利用起来为居家养老服务提供支持，各类行政、事业、物业、家政、商业资源，也应通过调整、转型、升级开展为老年人服务。[②]

域外经验

在日本社区中，便利商店已经成为日本老人的生命线、成为社会的基础设施。除了售卖日本特有的食物，日本的便利店还提供一些生活服务，让商店成为社区的中心。在便利店里，顾客可以支付物业账单、购买音乐会门票，还可以复印文件。随着老年人口数量的不断增多，日本的便利店开设了很多针对老年人的生活性服务，在店内聚会交流和唱卡拉OK、练习健美体操等，为老年人提供外卖、打扫房间、维修家庭设备等服务。便利店店主也会在晚上和周末提供维护服务，而一般机构的工作人员在这些时段是不上班的，从而成为社区的中心。

---

① 于一凡．人口老龄化视角下的城市空间应对［J］．民主与科学．2015（3）．
② 吴玉韶．对新时代居家养老的再认识［N］．中国社会报．2018－01－29（三版）．

（三）如何评价社区适老性

基于对我国老年人居住状态、心理需求以及老年人对养老环境的改善意愿的实地调研，通过数据统计与对比分析等手段，确定老年人对既有社区养老服务设施、交往空间和活动设施以及对健康、安全的居住环境等的相关需求，进而建立起针对社区适老性的评价指标体系。

图 8-1 社区适老性评价指标体系总体框架①

该指标体系包括社区外部条件、社区配套设施、社区环境、住宅空间和社区管理等五方面的评估指标（图 8-1）。第一，社区外部条件评估指标是指老年人所处城市、居住区的环境条件，包括居住区级商业设施、交通设施、教育设施、物业设施、养老设施、医

① "十二五"国家科技支撑计划 社区适老性评价指标体系研究课题组 . 社区适老性评价指标体系研究报告 ［R］.

疗卫生、文化体育休闲设施等的评分；第二，社区配套设施评估指标是指老年人所居住的小区级商业设施、通信设施、交通设施、教育设施、物业民政设施、养老设施、医疗卫生、休闲文化交往等的评分；第三，社区环境评估指标是指老年人所在地区的绿化条件、远离污染、消防安全、交通安全、安全保卫等方面的评分；第四，住宅空间评估指标是指该地区无障碍或老年住宅套型数量，老年住宅套内空间设计，住宅建筑公共空间无障碍设计，住宅伤害防控设计、室内物理环境，绿色建材标准，住宅安全监控设备方面的评分；第五，社区管理评估指标是指老年人所在地区的社区服务、为老服务的运营管理和安全质量等相关方面评分。

综上，根据老年人居住实地调研结果，社区不仅需要考虑社区周边的生活设施配置，而且需要安全舒适的社区内部环境，同时需要住宅内部有完善的住宅设计与防控设备配置，以及考虑后期可信任的养老服务和管理运营保障等，最终适宜老年人居住的社区由各方面因素综合作用形成。

二、让养老服务近在身旁

（一）合理设置社区养老服务设施

养老设施的配套与老年人养老服务需求形成合理对应是发挥好社区养老服务设施辐射作用的前提。要按照人均用地不少于0.1平方米的标准，分区分级规划设置养老服务设施，逐步实现社区居家养老服务设施的全覆盖。对于配套服务设施，不仅要有指标控制，还要重视设施的设计装修和运营管理，确保设施"够用、能用、实用"，发挥出最大效益。

为了向一定范围内的社区输出相应服务以满足使用者需求，社区养老服务设施的适配规模应综合考虑服务半径、管理体制、市场经营、人员结构等四个方面的因素。以服务半径对社区养老服务设施的适配规模的影响为例，由于老年人体力衰退，空间活动范围受到限制，因此，日常生活中使用频率较高的设施如老年服务中心、老年人日间照料中心等，其服务半径宜控制在 200～300 米之内，以步行 3～5 分钟为宜。其他使用频率不高、以上门服务为主以及居住为主的养老设施，服务半径可适当扩大，包括护理院、养老院等（图 8-2）。老年人活动中心、老年大学这类文化娱乐设施除要与其他社区公共服务设施集约建设、资源共享外，还应注意合理分布网点，以方便老年人依据个人的体力和偏好，在自家附近就能参与活动。

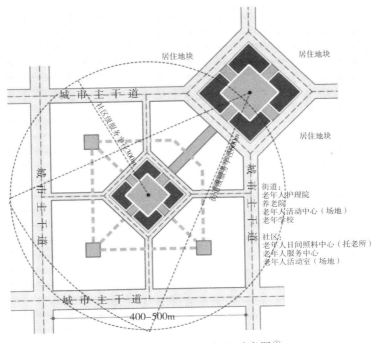

图 8-2　社区养老服务设施级配示意图[①]

养老服务设施的规划配置还需要同时兼顾社会公平和服务绩效。传统公共服务设施采用人均指标、千人指标或服务半径等规划手段，试图保证设施空间配置的公平目标，但缺乏对设施分布与服

① "十二五"国家科技支撑计划 社区适老性评价指标体系研究课题组. 社区适老性评价指标体系研究报告［R］.

务对象之间的"空间匹配"进行评价，对建成设施的使用情况和服务效率亦难以把握。然而，作为公共服务资源配置的手段，养老服务设施的布局不仅要关注总量的增加，也要致力于提高其社会绩效和服务效率。养老服务设施的规划配置还需要遵循包容性原则，要使受益群体最大化，尽量减少对特定群体产生无意识的排除。[①]

（二）优化社区养老服务设施结构

补齐缺口、以点带面，在居住区内采取多种方式建设嵌入式、专业化、综合型的养老服务设施，成为社区层面养老服务供需对接、养老资源有效互动的平台，满足老人临近原有社会网络、就近养老的需求。

在社区养老服务设施建设中，要特别注重嵌入式照护机构的发展，让专业照护服务进入失能失智老年人家庭成为现实，促进居家、社区、机构养老服务的相互依托和融合发展。社区嵌入式照护机构既可以为老年人提供住养服务，也可以为有需要的老年人家庭提供"喘息服务"，让老年人离家不离街，方便家人看望沟通，营建生活性照护场所。政府应建立准入标准和退出机制，将配套建设的社区长期照护设施无偿或低偿交给规范化专业化的养老服务组织来进行市场运营，以统筹产业资源，系统培育人才，扩大规模效应，提升服务质量。

（三）提升社区养老服务能力

开展社区咨询评估工作。通过跨专业团队的合作，有效评估和回应服务需求，有效衔接养老服务需求和供给，促进养老服务公共资源的公平分配和有效使用。

坚持标准化专业化连锁化，促进社区居家养老服务不断转型升级。要用标准化、专业化解决"粗"的问题，要用规模化、连锁化解决"小"和"散"的问题。"专业的人做专业的事"，养老服务本

[①] 于一凡. 面向老龄化社会的城市应对［M］. 上海：上海科学技术出版社. 2018.

质上是对人的服务，因而人是决定性的因素。对于政府而言，应当从引导产业发展的角度大力培育和扶持专业组织，出台更多养老人才激励政策，保证服务提供的专业性。①

创新服务模式，提升质量效率，为老年人提供精准化个性化专业化服务。实施"互联网＋"养老工程，开发应用智能终端和居家社区养老服务智慧平台、信息系统、APP应用、微信公众号等，开展老年人远程健康监护、紧急援助、居家安防、学习教育等应用，重点拓展远程提醒和控制、自动报警和处置、动态监测和记录等功能，规范数据接口，建设虚拟养老院。

逐步建立基本养老服务保障制度，保障基本养老服务提供的持续性。通过慈善救助、社会福利及长期护理保险等多种渠道为失能失智老年人获取长期照护服务提供必要的经济支持。

（四）促进养老服务融合式发展

充分发挥社区养老服务设施的辐射作用，促进居家、社区、机构养老服务的整体式融合发展，而不是设施分离，功能割裂。这样，广大居住在家中的老年人，包括失能老年人，都可以方便地利用和依靠社区养老服务设施提供的身体照顾、生活协助、社会参与及相关的医护服务而继续生活在熟悉的环境当中；另一方面，社区养老服务设施凭借向社区老年人提供适时周到的养老服务而得以生存和发展。

以专业护理型的北京市某街道养老设施为例，该设施按照养老机构的标准进行配置，为高龄、失能失智老年人提供照料、医疗和护理等综合性服务。目前，该设施主要在助医、助餐、助行，辅具适配和租赁服务及居家适老化改造指导等方面服务于设施附近的社区老年人。目前，该养老设施的服务与周围社区的老年人需求关系已日趋稳定，初步形成"机构—社区—居家"三位一体的社区养老环境（图8-3）。

---

① 吴玉韶. 对新时代居家养老的再认识［N］. 中国社会报. 2018—01—29（三版）.

图 8-3　北京市某街道养老设施室内外场景

（五）发展社区志愿服务

建立关怀型社区，充分挖掘家庭、社区、社会的照顾潜能，是实现社区照顾终极目标的唯一有效途径。因此我们必须重视通过社区、社会组织、社会工作"三社联动"来推进社区治理创新，有效结合社区内外部的资源，充分发挥社区居民、志愿服务组织及其他社会力量的能力和热情，深入推进睦邻互助和助老惠老服务。鼓励和扶持利用居民自有住宅、闲置房屋，开展老年人互助式养老。

睦邻中心：家门口的会所

由社会组织运营、百姓自下而上参与自治的上海市杨浦区社区睦邻中心，从 2012 年开出第一家以来数量不断增加，成为杨浦区百姓"家门口的会所"。让专业的人做专业的事。负责运营的社会组织从自身专业领域入手为社区里的居民开展服务，逐步将服务拓展到多个领域，形成了品牌结合的运营模式。注重发挥居民自治作用。社区中的党员、志愿者和自治团队等，主动参与睦邻中心的日常运行管理。社区的社会组织在服务领域有了良好的基础以后，往往会扩散到治理领域，共同打造出有温度的社区。

三、让公共空间更加适老

人类的老化包含生物学与社会学的两个方面，即身心功能衰退与社会生活萎缩。[①] 提高和优化现有公共场所的空间品质，使之更加舒适友好，达成不同年龄段人群能够"共享"的公共空间。

（一）社区环境的适老化

社区是老年人日常生活中接触最密切的公共环境，其适老化程度直接影响到老年人的生活质量。在我国各地都能见到的太极拳、广场舞等社会性群体活动对许多老人来说是日常活动中重要的一部分，因为通过这些活动不但能够强身健体，同时还能与其他人进行交流，扩展社会交往，丰富精神生活。社区中的公共空间正是为老年人提供了日常社会交往所必需的场所，与社区服务一同提高老年人的生活质量。

当前有不少新建社区设置了大广场、健身步道等设施，但是使用效果不是太好。由于各自的身体状况、家庭构成以及性格习惯等个体属性不尽相同，老年人所适合的社会活动与交流方式也不同。因此需要考虑社区内不同老人的特点，相应地置入各类设施。

只有当一个社区的公共空间能够为各类活动提供充分场所的时候，社区居民的社会交往才能有效提高，从而增加该社区的生活活力和文化丰富度。因此，设置社区内的公共空间需要遵循以下这些原则：

1. 空间设置的主要原则

（1）注重分类设计。老年人社区公共活动空间是指针对老年人的生活娱乐需求所设定的活动场所，例如室外的广场、体育锻炼、弹琴唱歌、赏花遛狗等场所，室内的棋牌室、茶社等，楼道口也都

---

① 姚栋. 面向老龄化的城市设计 [J]. 城市建筑，2014（5）：48—51.

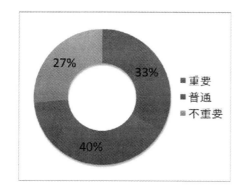

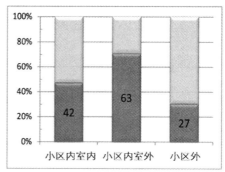

图 8-4　上海市浦东某社区老年人的空间使用意向

图 8-5　参与不同文化体育活动的老年人

可能是老年人活动的公共场所。老年人对社区公共活动有着多样化需求，不同的活动类型对场地的要求也不同。然而在当前的居住区设计中，还未能充分考虑老年人的需求来进行设计。

（2）注重可达性。大部分的老年人在社区内的出行方式为步行。在许多社区中，经常会见到老人步行累的时候找不到地方休息，倚仗着路旁的景观构筑物歇息。根据老年人的步行能力，连续行走的适宜时间距离为 300 米，步行疲劳极限距离为 450 米，约为10 分钟，因此应尽可能在半径 400 米左右集中设置社区服务设施及公共活动空间。如果受到各种制约，实在必须超过这一范围，则需要间隔 300 米左右设置座椅或可供休憩的场所。一个服务设施超过合理的服务半径，即便它非常受老年人欢迎，也会因为距离过远不方便行走而让老年人放弃前往活动的想法。

（3）注重交往空间。老人倾向于充满邻里交往的社区环境，喜欢与人聊天、打牌下棋，有时即便不直接参与，也会听听看看。老幼共享是现在国外比较推广的设施设置方式，将儿童与老人的活动场所合在一起，既促进了不同年龄段人群的交流，也便于儿童看护，提升了公共空间安全度。

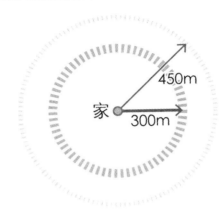

图 8-6 社区中的公共设施与公共活动场地宜设置在距居住单元 300～450m 的区域内

（4）注重自然环境。老年人通常比较喜欢自然环境，因此在老年人公共空间环境设计过程中，应尽可能取得好的通风和采光条件，室外空间尽量规划至向阳避风的区域，便于老年人的活动。例如，现在很多南方社区中的居住单元都设计成首层架空的方式，有的配置了丰富的景观小品以及休闲座椅，这样的设计给老年人提供了更好的公共活动空间，既可以乘凉又可以通风。

2. 不同类型社区环境的适老化

（1）大型公共空间。在空间形态方面，老年人偏好于有一定围合感但不全封闭的向心形空间，一般在此停留与活动的时间较长，因此大型公共空间宜采纳"向心形半封闭"的空间形态。向心形态领域感较强适宜于开展集体活动，而环形边界围合度较高则增强了老人在此观望活动的归属感，延长为了方便不同群体参与活动，部分边界宜采用半封闭形态以提升空间适宜性。在设施设置方面，老人大型集体活动开展时间有限，应增强场地的多样使用性以弥补场地空闲时间的人气活力。建议在场地中划分老人健身区和儿童游乐区，并布置大量娱乐设施，通过不同颜色或肌理铺装区分场地，进而形成视觉通畅的多功能活动场地，便于老人和儿童共同进行器械活动。在景观绿化方面，场地周边休憩设施建议结合大型乔木布置，夏季遮阳、冬季透光，为老人和儿童棋牌娱乐、休憩观望等提供舒适的微气候环境。设施周边应环绕多样的低矮灌木，为二者提供可触碰的自然景观，既能有效降低老人负面情绪、提升环境满意度，也能增强儿童活动趣味性。

（2）小型公共空间。小型公共空间是老人日常活动最密集的场所，在这使用健身器械、聊天休息、打牌下棋等，承载着社区的整体人文氛围。而当前"唯视觉化"的景观环境（草坪、雕塑、花坛等）致使老人普遍反映公共空间空洞乏味、缺乏活力。研究表明，动态的景观（喷泉、流水、风铃等）能对老人构成视觉吸引，进而延长户外活动时间、提升环境满意度。因此，建议引入喷泉、景观流水等作为景观节点打造主题式小型公共空间，增强场地活力及文化内涵，进而提升老人的活动意愿。

老人往往偏好离家近的公共空间，针对建筑门厅附近场地，可通过增添休憩、娱乐设施赋予场地更多的使用功能，增强老人活动的多样性。基于老人和儿童对场地自然环境的偏好（绿荫、植物茂密、日照充足、绿植丰富），场地周围建议配置有季象变化的各种乔灌木和花卉，不同植物的形状和颜色能够给老人带来视觉、触觉、嗅觉的愉悦感。除此之外，要预留一些无绿荫遮挡场地满足老人一定量的日照需求。

（3）步行道路。环状比尽端状道路形态更有助于促进居民步行活动、减少空间迷失率。因此，建议贯穿"住宅单元－小型公共空间－大型公共空间"的步行系统，为老人慢跑、散步等活动提供多层次的空间体验。各住宅单元的路径在大型公共空间汇聚，既较少空间迷失，也增加邻里交往机会。休憩设施的缺乏会降低步行路径的使用率，建议增添步行道路两侧的休憩设施，并结合绿植和景观小品建构不同主题的休憩环境，为老人带来"步移景异"的空间体验并缓解活动疲劳感。

图 8-7 风雨连廊将不同楼栋串联在一起，又通过宅间小径引入绿化景观带

（4）围合空间。可以借鉴传统民居模式，学习传统居住模式营造社区邻里感的手段，例如里弄式或院落式住宅，合理分配空间布局，增加老年人交流的可能，增强老年人归属感。同时，私密性空间应布置在社区较宁静区域并通过尽端状道路与外界相连。通过亭子、景观小品等营造场地特色并用绿植围合空间，形成"围而不闭、疏而不透"的小尺度环境，提升空间领域感和私密性。

3. 无障碍与标识系统

老年人对居住区中的公共空间环境有着特殊的要求，因此在设计时应本着以人为本的设计理念，根据具体需求作一定的改造。在设置公共活动场地时，要合理区分功能，动静结合，尽量减少车辆通行，以保证老年人的人身安全。对于以老年人为主要使用对象的社区公共设施及外部活动空间，在设计上应形成系统化和相对齐全的配套类型，满足老年人的出行、休闲、娱乐需求，并确保使用过程中的舒适性与安全性，此外，为了保证弱势居民（挂拐、轮椅及高龄老人）的行走安全，应全面实施无障碍设计。

在社区公共空间环境内或周围设置必要的设施，包括无障碍设施、休息平台、休闲运动器械和公厕等。设置符合人体工程学的休息平台供轮椅使用者休息，设置干净卫生并方便老年人使用的公厕是必不可少的。社区养老服务设施的人行道路应设置完备的无障碍设施，并应尽量平直、短捷，与车行流线之间要避免交叉。其无障碍设施要保证轮椅使用者能够到达任何属于老年人活动的外部公共空间，其转弯半径不应小于 1.5 米，坡度不应大于 1/8 且应形成回路，不应出现"死路"或"断头路"。

形成完整的标识系统，并应结合建筑形象和场地的变化进行标牌设置。社区养老服务设施应在外部空间设置清晰、明确的导向标识，各路口及主要外部空间均应设置具有指向作用的标识。特别是从老年人居住单元通向外部场地的交通流线上的导向标识必须完善且清晰。例如外部空间均要设置标识与导向标示，便于引导记忆力和辨识能力下降的老年人以最小的体能消耗到达目的地。

（二）城市公共空间的适老化

1. 城市公共空间的复杂性

社区公共空间主要服务本社区中的居民，与此相比，城市公共空间中的人群构成、活动内容、影响因素更为复杂多样，因此其适老化要求也更高。

老年人城市公共空间要充分考虑空间形式的多样化，满足不同阶层、年龄、爱好和文化背景老年人群的需求与活动规律。强调整体个性化，将空间设计与城市历史文化、人文地理、经济发展等相融合。丹麦建筑大师扬·盖尔将人的活动分为必要性活动、自发性活动和社会性活动，每种活动类型对于物质环境都有不同的要求，相应的老年人城市公共空间设计也应据此而分别进行考虑，使城市公共空间能够积极应对老龄化到来所带来的新挑战。

　　老年人的身心特点决定了他们的特殊性，进行城市公共空间规划设计时，有必要对其进行单独考虑。应充分考虑其配套设施的整体布置和人性化设计，凸显人文关怀，同时要加强各种无障碍安全环境的营造和交往性、私密性、游赏性场所设计，创造适合老年人使用的城市公共空间。城市各级公共空间的功能布局、性质内容、用地组织等也应根据老年人的具体情况进行综合考虑。

2. 针对老年人需求的设计

　　（1）无障碍设计。老年人可能并存不同程度且多重的障碍，例如视觉缺损、听觉缺损及行动不便等，虽不致达到失能程度，却处于多重不便的情况，因此基于老年人使用的城市公共空间应该安排适当的无障碍设施。铺地应做防滑处理，并尽量避免凹凸和高差，部分空间可设置健康步道，但在卵石类型大小和空间面积上要坚持适度原则。安排足够的休憩座椅，并考虑休憩空间周围环境的设置，尽量避免外部干扰，考虑照明、防晒和遮雨设施的布置。厕所和停车场也应该考虑无障碍设计，满足老年人的使用需求。更重要的是，树立无障碍服务意识，在银行、邮政局这类老年人常去的公共设施场所，设置老花镜、放大镜等物品方便老年人使用；为老年人设置独立排队处或服务柜台；服务区可设于建筑物一楼，让老年人轻易到达。

图 8-8　城市公共服务系统中无障碍设施的发展，让老年人更便捷
也更愿意使用城市空间

（2）空间使用的多样性。老年人集体活动内容丰富、形式多样，主要有跳舞、健身、书法等内容，相应地，活动空间的设计应该满足老年人的这些需求。首先，活动空间应该具有较强的识别性、易达性和集中性，利于老年人群体活动的发生。空间的类型可根据预设的活动内容进行确定。空间的大小要根据服务人群的数量和空间的数量加以确定，应具有一定的弹性调控，不宜过分拥挤或过于空旷；其次，活动空间内部应安排相应的配套设施，空间周围应适当安排休憩设施，配套设施的数量、内容、舒适性等直接影响着空间的使用率。

（3）系统化的适老建设。运用数字化技术，对城市现有公共空间进行重新优化定位，并对城市老年人口分布和活动规律进行整体的调查分析，合理规划老年人城市公共空间的性质规模，并根据各种公共空间服务半径合理构建老年人城市户外空间网络系统，继而确定公共空间的具体位置，形成层级分明、内容完善的空间等级体系；加强各分区建设规划，重视廊道设计，使各区域相互连接成为有机整体；规划多种老年人户外活动类型，统筹规划老年人城市公共服务设施与社会养老机构。

3. 各类空间的设计原则

（1）活动空间。适宜老年人活动的城市公共户外空间应当具有可以容纳老年人活动的特性。老年人群异质性较强，典型的老年人其实并不存在，很多老年人是具有一定活动行为能力的，渴望热闹，爱好运动，当然还有一些老年人他们的行为能力相对较弱，只是希望在户外静坐、聊天等，所以户外活动空间应该具有"动"、"静"分区。"动"区应当具有一块整体的场所，并且平坦防滑，集群的老年人可以在其中进行武术、跳舞、球类等运动，此类动态场所可以结合城市开阔地设置。而散步和慢跑也是老年人喜爱的活动方式，因此步道空间也是"动"区中的一个重要空间形态，可以与城市道路系统结合为一体。由于老年人体力有限，以及散步慢跑的消遣心理，道路应避免漫长笔直，且应在步道按适当距离设置休憩空间。同时为了增加老年人的安全感，防止老年人迷路，可以将步道空间设计为闭合的。"静"区空间则可以选择在大树荫下，空间形式可以以凳椅的组合或者小平台的形式出现，在此老人可以静坐、晒太阳、聊天、下象棋。为避免干扰，动静要分区，保持一定的距离，但能够有互动和交流。

图 8-9　参与不同活动老年人活动相互干扰，继而产生冲突

　　（2）社交空间。出于老年人心理和习惯的需求，老年人的社交活动形式主要是静坐聊天，老年人总是与少数兴趣相同的同伴聚在一起聊天。这就需要为这个小群体提供适宜的社交场所。例如可以在活动空间周围设置茶座，这样可以方便老年人交流。社交空间应当背向建筑、绿篱、大树，这样夏天会有阴凉，冬天会有足够的阳光。空间属性应该是半私密性的，虽然朝向热闹的社区街道，但可结合绿化设计适当设置隔断，让老人既可以与整个户外空间有视觉的交流，也有静坐聊天的私密性。

　　（3）休憩空间。老年人在户外活动之余，坐下来休息、聊天、观赏周围景色是最常见的行为，因此，为老年人提供良好的休憩空间是非常重要的。休憩空间是户外活动空间的附属空间，老年人由于身体虚弱，没有能力长时间从事活动，因此休憩空间成为支持他们完成健身活动的必要保障。为了提高老年人户外活动的质量，我们要营造更多、更好的条件让老年人安坐下来，欣赏优美的景色。因此，坐息空间可以设置在大树下、公共建筑廊檐下、步道空间附近等具有良好的通风性及充足阳光的小环境中；休憩空间的边界应有分隔明显的界面（如植物、自然地形、建筑物等），以形成边界效应；同时，坐息空间应有各自相宜的环境，如凹处、转角处能提供亲切、安全和良好的小环境；座椅宜设靠背，并保证与桌子有较好的匹配，满足老年人打牌、下棋等活动的要求。

（4）服务空间。由于特殊生活规律，老年人往往更倾向留在自己的居所当中，因为家中有支持其特殊生活规律的生活设施。因此，为了提高老年人在城市公共户外空间的舒适性和归属感，服务空间的合理设置是尤为重要的。例如，老年人因为年龄的增长，消化功能衰退，更适合少食多餐，因此户外空间应该结合休憩功能设置茶点零售功能。再者，由于老年人如厕频繁，应该在户外空间易识别处设置卫生间。

（三）重视室外环境设计对健康的促进作用

相较于相对单一稳定的室内环境，室外环境在温湿度、光环境、声环境等各方面的物理环境会随时间产生相对大范围的浮动，人们能感受到的视觉景观、声音、味道、甚至事物表面的纹理都会产生千变万化的效果。而老年人随着年龄增长，会产生感知能力下降，这在一定程度上会影响日常生活的心理感受。此时如果有事物在周围不停地刺激他们的感官，不仅可提高人体舒适度，还可有一定健康促进功能。因此在室外环境设中要重视环境对老年人健康的促进作用，应为感知能力下降的老年人带来相对丰富的体验，尽可能减少因感知退化带来的负面影响。

感官花园不同于传统意义上仅种植花卉、蔬菜、药材等观赏植物并提供游玩休息的花园，它的功能不局限于营造温馨舒适的自然环境，而是注重花园使用者的五感感官体验。在这类公园中，首先包含不同程度的感官刺激，例如通过听觉和触觉感受体验园内喷水景观等（图 8-10）；通过视觉和触觉感受体验小型雕塑；通过视觉、触觉、触觉和嗅觉感受体验园内植物（图 8-11）。其次，包含简单通俗明确的多媒体资讯，例如通过瞩目的大型路牌、综合指南指示功能分区（图 8-12）；在易造成弱势人群迷路的主要路口设置文字及音频标志等（图 8-13）。

图 8-10　日本临空公园喷泉景观体验

图 8-11　日本临空公园园内植物体验

图 8-12　日本临空公园综合指南

图 8-13　日本临空公园文字及音频标识

　　通过这类公园可以让使用者的感官变得更灵敏，不只依赖视觉来欣赏大自然，促使使用者即使闭着眼睛也能体会大自然的奥妙，并能更主动地在自然生态中寻找乐趣，体验听觉、触觉和嗅觉等感官刺激。①

四、助推老年人跨越数字鸿沟

　　中国已经成为"网路上的国家"，网上预约、购物、缴费、阅读、娱乐、网上图书馆……互联网时代，生活愈发方便，足不出户、动动手指就可享受服务。然而，与此同时，老年人群体却日渐

---

　　① 三宅祥介，浅野房世，等. 人性化的公园设计：从无障碍设计到通用化设计［M］. 鹿岛出版会. 1996.

被边缘化。第 39 次《中国互联网络发展统计报告》显示，截至 2016 年 12 月，中国网民规模达 7.31 亿，互联网普及率达到 53.2%。在年龄结构上，我国网民以 10～39 岁群体为主，占整体网民的 73.7%，60 岁以上的老年人仅占 4%。世界因互联网而更多彩，生活因互联网而更丰富。事实上，老年人同样有着融入信息社会的渴求，必须全面促进和改善信息无障碍服务环境，缩小"数字鸿沟"，让包括广大老年人在内的亿万人民在共享互联网发展成果上有更多获得感。

（一）破除观念鸿沟

2016 年重阳节当下午，一场别开生面的读者座谈会在国家图书馆进行。10 多位银发老人围坐一堂，畅聊"互联网如何改变阅读和生活"。当使用电脑和智能手机都不再是难事，当网上冲浪变得稀松平常，老人们感慨，又一个新世界向他们打开。老年人在使用新设备新技术的过程中，普遍会存在一些心理障碍，比如抵触、害怕、不自信等，使得老年人放弃使用互联网。缩小老年人与其他人群的数字鸿沟，最重要的是要帮助老年人消除对互联网的恐惧感与不自信，提高他们接触互联网的兴趣和积极性。QQ、微信等社交网络是老年人获取信息的重要渠道，也是老年人维系和加强与亲人朋友沟通联络的重要途径，可以有效缩小代际之间的信息鸿沟。

（二）改善网络使用环境

在当前互联网时代，产品的研发设计、推广普及多以年轻用户为轴心，对老年人使用互联网可能面临的使用障碍考虑较少。不少老年人缺少使用电脑和互联网的必要基础知识，很多老年人不熟练拼音，无法进行文字输入。繁杂的注册过程、众多使用条款以及出于安全考虑而设置的一系列操作步骤……这些对年轻人来说都不是难事，对老年人却是极大挑战。

这些状况都表明亟待继续加快推进信息无障碍标准体系建设，加强无障碍信息技术研究，大力开发、推广相关业务和应用，积极推动信息通信领域无障碍设施建设在全国落地，消除所有人群获取信息的障碍。加强老年远程教育网、老年健康服务网、康复辅具服务网等网站建设，促进互联互通，深入方便老年人人获取信息。加强网络安全监管，网络诈骗、银行卡盗刷以及网上售假等现象屡禁不止，让老人望而生畏，不敢轻易上网冲浪。

（三）合力扶老上网

发挥子女的作用。中老年人主要是通过自学或者亲友教授来学习使用互联网的，儿女是帮助父母与信息生活相连接的"最后一公里"。社会要倡导儿女向长辈们普及互联网知识，就像当年父母教孩子牙牙学语一样，这不仅是帮助老年人了解互联网的最好方法，也是加深子女与父母之间交流的好方法。

加大对老年人网络知识的公益培训力度。在老年大学、社区广泛开展相应的培训，在老年人当中开展互帮互助的学习活动，在家中、公园里都可以互助学习。

第九章　康复辅助器具应用

康复辅具，让老年生活更自主、更舒适。在欧美发达国家，老年人使用康复辅助辅具十分普遍。在美国，不少老年人在购物、社交时，会开着电动代步车或电动轮椅等辅助器具出行。在日本，康复辅具逐渐成为人们日常生活中不可或缺的用具。我国失能老年人数量庞大，这一不断增长的失能老人群体，康复辅助器具市场潜在需求巨大。

一、什么是康复辅助器具

（一）基本概念

康复辅助器具，亦称康复辅具，是指预防残疾，改善、补偿、替代人体功能和辅助性治疗的产品，包括器具、设备、仪器、技术和软件，广泛用于老年人、残疾人、伤病人等功能障碍人士改善生活质量和促进康复，是帮助他们融入社会最有效的手段之一。

康复辅助器具可以帮助老年人克服特定环境障碍、发挥老年人潜能，能够有效提高老年人独立生活质量和社会参与能力。普通的康复辅助器具有拐杖、轮椅、护理床、抓握器等，高级的有植入式人工耳蜗、智能护理机器人等。

（二）主要分类与功能

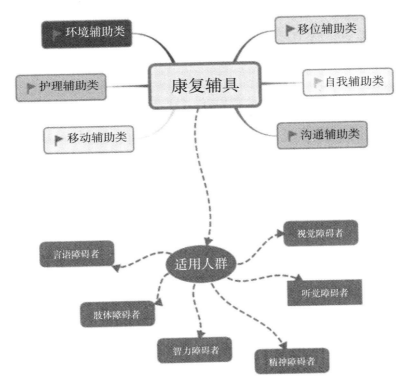

康复辅具的主要产品大致可以分为以下几大类：

1. 环境辅助类：智能家居、声光电环境控制装置、环境安全报警装置、标识装置、助力扶手等。

2. 护理辅助类：功能护理床、功能座便椅、马桶增高器、预防压疮用具、洗澡浴椅、功能浴缸、电动洗浴床、全智护理机器人等。

3. 移动辅助类：拐杖、助行器、功能轮椅、电动轮椅、电动三轮车、上下楼梯助行辅具等。

4. 移位辅助类：移位车、天轨升降机装置及吊具、移动式小型升降机及吊具、床椅移位换乘辅具等。

5. 自我辅助类：体位变换器、抓握器、进食辅具、阅读器等。

6. 沟通辅助类：助听器、助视器、远程视频交流系统等。

对于失能老年人而言，康复辅具能起到克服行动障碍、视力障碍、听力障碍、智力障碍等主要障碍的关键性作用，实现失能老年人的生活自理和回归社会。

功能一：辅助老年人生活起居环境的安全、便利。

功能二：辅助失能老人护理者减轻护理强度、提高护理效率。

功能三：辅助老年人维护自身尊严、提高独立生活能力。

二、如何让康复辅助器具走进老年人家庭

为适应我国人口老龄化趋势，康复辅助器具应逐步成为老年人生活中的日常用品，在社区建立家用康复辅具的展示中心和适配中心，为社区老年人展示相关产品，介绍在生活中如何借助辅具的使用方法，让康复辅具产品走入老年人的家庭生活，在最大限度上解决行动障碍老年人的生活起居、出行等方面的不便。

（一）常见的康复辅具有哪些

1. 功能护理床

失能老年人生活中最大的困难在于上下床，传统的床没有助力侧护栏，老年人在下床过程中没有支撑，而功能护理床都有助力侧护栏设计。支撑作用对于失能老人非常重要，可以保证平衡力的分散。在老年人下床过程中，其所受重力完全从床上转移到地面，是最危险的环节，当老年人离开床以后就失去了平衡点，而适老功能护理床的助力侧护栏对老年人上下床起着支撑和平衡的作用。

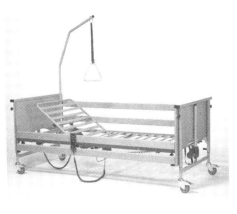

2. 功能轮椅

我国失能老年人普遍使用的是传统的马扎结构轮椅，由于坐靠面是单层帆布，不能均匀地分散压力，易形成局部压迫点，这对于久坐此款轮椅的老年人而言是非常可怕的，可能面临被伤害的危险。因此，选择适宜的轮椅尤其是失能老年人的轮椅，最主要的就是要有减压作用，而功能轮椅由靠垫、坐垫、气垫以及其他的软组织构成，具有分散压力的功能。

3. 功能座便椅

一些老年人体力差，如果采用蹲厕，一不小心就有可能会发生意外，比如因为蹲久了导致腿麻，站立时因头晕目眩等原因摔倒；

有的心脏不好的老年人蹲久了会加重心脏负担，导致意外发生；还有一些有下肢功能障碍的老年人，无法下蹲导致无法正常排便。因此，一款适宜的可以坐着如厕使用功能座便椅在老年人的生活中扮演了很重要的角色。适老功能座便椅的选择要根据老年人的身体状况、使用环境及护理者的能力，看老年人是否可以抓住扶手站立、能否换乘到适老座便椅，并观察老年人的排泄行为和移动到座便椅的动作，从而选择合适的类型。座便椅一般都可以调节高度，以方便不同老年人需求，同时大部分座便椅的便槽都能够取下，方便清洁。

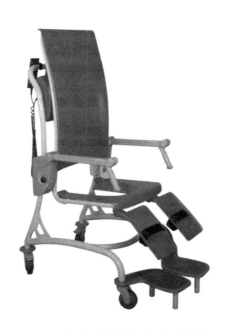 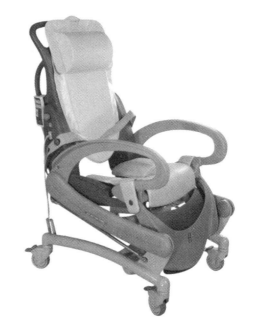

4. 其他常见的康复辅具

除了以上三种主要解决卧、坐、如厕等老年人日常必需动作的辅具产品之外，目前市场上还有许多常见的其他中高端产品。随着科技水平的日益提高，智能化、信息化、新材料等技术的应用，辅具产品正呈现出多样化、个性化、高端化的发展趋势，科研人员和制造企业给广大用户带来了更多更好的康复辅具产品。

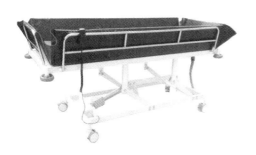

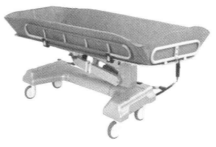

电动洗浴床

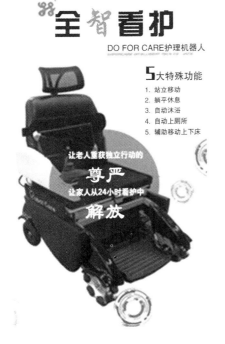

全智护理机器人

（二）康复辅具如何才能做到适配

1. 适配的主要原则

康复辅具的服务目标可以分为生活自理和回归社会两个层次。

从专业技术角度讲，要做到康复辅具与失能老年人的完美适配，要完成以下几个方面的评估：评估失能老年人潜在的功能；评估康复辅具是否适合失能老年人独立使用，如需护理人员的，则要评估护理者是否能够熟练掌握和应用康复辅具；评估康复辅具的使用环境，即康复辅具在使用环境中是否有足够的使用空间。比如，一台轮椅如果在使用时没有足够的移动空间，就不是轮椅，而只是椅子。

使用辅助器具的根本目的，是有针对性地解决老年人日常生活行动的不便，提高生活质量。目前，市面上的康复辅具，基本能满足超过95％的失能老年人适配需要和功能设施需要。所以，在社区中为老年人选择辅助器具的简单方法就是：评估老年人的行动能力，选择适合老年人使用的辅助器具，采取集中康复宣教并结合个别指导的方法，使行动障碍的老年人或其护理人员能够借助辅助器具更好地完成日常生活。

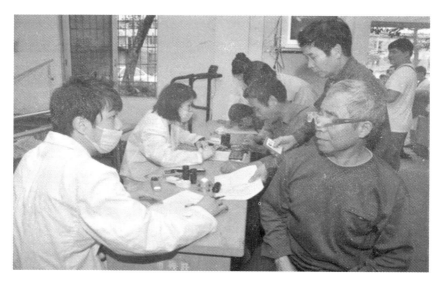

在适配过程中要注意：以"适应"为主，以"补偿"、"代偿"为辅。"适应"主要是所使用的辅具产品必须要适应空间环境，根据老年人体型和实际居住的空间环境来选择尺寸合适的辅具。"补

偿"即失能老年人如果还有功能潜能，则对其功能潜能进行增量式补偿。比如，对听力进行增强性补偿，可以帮助他们恢复听力。"代偿"：无法实现"补偿"时则要进行"代偿"，是指通过功能代替的形式，来辅助失能老年人。比如，完全失去了视觉的老年人，可以通过盲杖等来辅助。

2. 康复辅具适配与评估方法

首先，康复辅具适配评估是基于医疗机构诊断报告，对康复辅具使用者的需求进行科学评价，从而对他们所选择的康复辅具是否合适进行有效测评。

其次，康复辅具适配评估应用是保证康复辅具服务质量的一个重要环节，内容广泛，涉及人体功能障碍和康复辅具种类性能等，需要具备医学基础和工学基础，并将专业内容结合起来，是一种整合式服务工作。主要包括对康复辅具使用者人体功能及障碍评估、康复辅具使用效果评估、康复辅具使用的内外环境评估，其目标是为使用者选择最佳的康复辅具，从而实现生活自理和回归社会两个预期目标。

（1）使用者功能评估

功能评估是对老年人身体的功能状态、潜在能力及残存能力的判断，也是对老年人身体各方面信息收集、量化、分析，并与正常标准进行比较的全过程。功能评估是康复医学技术的特征之一，也是康复流程中的重要环节。各领域专业人员根据专业需求，设计不同的评估内容，通过评估可以详细、准确地掌握老年人的障碍现状、残存功能和潜在能力，为设定康复目标、制订康复计划及配置康复辅具等提供主要参考依据。

功能评估可以分为三个方面：

①单项功能：如感觉、运动、语言、认知等；

②个体功能：个人综合能力，如日常生活能力；

③社会功能：个人参与社会的能力，如从事社会工作、参与社会活动等。

（2）使用者功能障碍评估

功能障碍评估是依据医疗机构医师的诊断证明，对老年人功能障碍者的功能状况进行全面地、综合地分析，确定功能障碍类别、功能障碍程度及残存功能等，为老年人配置康复辅具制订合理方案的一种手段。功能障碍评估的种类较多，如视力功能障碍、听力功能障碍、肢体功能障碍、智力功能障碍、心肺功能障碍等，每种功能障碍均有相应的临床评估标准。

障碍主要涉及三个方面：

①形态功能障碍：表现在人体外观形态结构上，如肢体截肢、缺肢、短肢、肢体不等长及肢体畸形等；

②能力低下障碍：表现在个人综合能力上，如日常生活活动能力、学习工作能力、行为控制能力等；

③社会因素障碍：表现在个人参与社会活动和社会团体活动的能力。

功能障碍评估强调身体的每个功能区：视、听、语、智力、肢体、平衡、关节、心、肺、肝、肾等，都各自具有其专业性临床评估指标，这些指标都应由临床医生鉴定。

功能障碍评估主要目的有：

①了解个体基本信息：对老年人个体身体功能状况的资料收集整理，如病史发展、医疗诊断、功能障碍分类、障碍程度分级等，为身体、功能障碍前后变化状态和潜能开发等提供基础性参考依据。

②量化身体功能及残存能力：通过老年人身体和残存功能测量，为老年人功能障碍分类、障碍程度分级等提供重要数字化量化依据。

③相比正常标准分析功能障碍程度：将每个老年人各种身体功能障碍与相应部位正常指标值进行对比分析，针对差异值，获取功能障碍程度分析结果。

④为制定康复治疗目标及选用康复辅具提供依据：功能障碍老年人需要进行临床诊治、康复治疗、康复辅具配置、康复辅具使用等方面进行功能状况改善，评估是为他们提供相关初始依据。

⑤判定康复治疗及康复辅具使用效果提供客观评定指标：功能障碍评估为康复治疗、康复辅具使用等效果评定，提供非主观因素的评价依据。

⑥为障碍等级划分标准提供依据：功能障碍评估应按照相关功能部位进行障碍等级划分，获取障碍程度差异，其划分标准应为功能障碍者在生活、学习和娱乐等方面提供可行与否的依据。

3. 康复辅具使用效果评估

康复辅具使用效果评估包含对辅具产品的技术水平评价、对老年人个体生理状态和心理状态评价，涉及老年人个体对自身障碍的评价态度、康复辅具认知态度和使用康复辅具的能力。

使用效果评估直接体现了康复辅具科技含量和水平。技术评估包括康复辅具适配评估技术、康复辅具研发技术、康复辅具应用材料技术、康复辅具研制工艺、康复辅具操作指导技术和康复辅具维修保养技术等多方面。实际应用评估重点体现老年人个人日常活动的能力变化，主要有老年人个人移动能力、室内室外输送能力、社会环境的活动、生活空间的活动、不良环境的活动、精细操作能力的活动以及其他各种状态下的活动。

4. 康复辅具使用的内外环境评估

康复辅具使用的内外环境评估包含对自然环境和社会环境评估。其中，自然环境包括物理环境和生态环境，社会环境包括生活环境和人文环境。主要涉及对康复辅具使用环境支持、人文支持和经济支持等。

（三）建立好的康复辅具使用居家环境

康复辅具使用居家环境，是指为老年人设计的适合应用康复辅具的居家环境，即住宅内部空间环境，主要包括卧室、客厅、卫生间、通道、厨房、餐厅、阳台、楼梯间等。

适老环境与残疾人无障碍环境的主要区别

区别	适老环境	残疾人无障碍环境
对象不同	适用于60岁以上老年人	适用于残疾人/老年人/病人（方便轮椅出行）
目标不同	防跌倒、提高老年人独立生活能力	辅助残疾人生活自理、回归社会、职业重建
环境不同	老年人居家环境/养老机构环境	公共环境、残疾人居家环境
内容不同	环境＋老年人功能障碍潜能＋康复辅具＋护理者能力	环境＋残疾人功能障碍潜能＋适残辅具
设计不同	机构功能环境设计＋居家环境设计	公共环境通用设计＋居家环境设计
功能不同	补偿、代偿、提高环境适应能力与平衡（预防跌倒、跌倒不受伤害、伤害及时发现）	补偿、代偿、提高环境适应能力

康复辅具使用居家环境环境设计应结合老年人自身情况及其生活方式不同，充分让老年人在房间中生活便利，缩短走动路线距离，特别是卧室、浴室、走廊和厕所入口宽度设计时应留有余地。此外，还应考虑为护理人员护理以及老年人与家人团聚预留空间，从而避免让老年人在房间中感到孤独。针对需要护理的老年人而

言，尽量让护理人员可以随时随地观察到老年人的活动状态。因此，房间大小、设备安装、家具布置、康复辅具配置、老年人活动和护理活动等问题，都将是居家适老环境改造设计中必须要统筹考虑的问题。

（四）推广康复辅具租赁

1. 什么是康复辅具器具租赁

租赁是一种以一定费用借贷实物的经济行为，出租人将自己所拥有的某种物品交与承租人使用，承租人由此获得在一段时期内使用该物品的权利，但物品的所有权仍保留在出租人手中。承租人为其所获得的使用权需向出租人支付一定的费用（租金）。康复辅具租赁是指对不同年龄、不同病症、不同环境的老年、残疾人群，通过评估、适配以最经济的方式，向其提供最适合他们的产品，使用后必须经过清洗、消毒方能继续提供下一个人的使用。康复辅具租赁的流程一般是：咨询介绍推荐试用产品→签订租赁合同→开始租赁→回收、清洗、消毒→仓储保管。

康复辅具租赁可以有效降低消费者使用康复辅具器具门槛，促进辅具技术研发、提升产品质量，减少资源浪费，通过供给侧改革引领康复辅具产业的发展，同时也促进了需求侧的改革。

2. 适用人群

刚刚做完手术行动不便的老年人对康复辅具的租赁时间为 2 至 3 个月，而像一些高功能护理床的价格动辄在 8000～13000 元不等，若使用后闲置，无疑造成资源浪费。对于出院后需要在家进行康复的老年慢性病患者来说，购买一件正规的医疗康复器械需要一万或者几万不等，价格非常昂贵，租赁康复器械无疑提供了一种经济可行的选择。

对于长期卧床的老年人来说，上下楼是一件大难事，现在虽然有了爬楼机，但是一台安全性较高的爬楼机售价达到几万元，自行购买的话经济负担沉重，如不经常用，性价比也不高，而租赁一台爬楼机使用一次仅需几十元。一些高危人群采用租赁方式的便利性和节约性就更加明显。比如炭纤维化病人，一般必须用到 5L 制氧机、呼吸机以及电动护理床，这三款辅助器械市场总价不菲，而采取租赁方式的话，经济负担要轻很多。

3. 康复辅具租赁区别于传统共享

传统的共享经济单一性强，只是下单—租赁—归还，很少有其他附加服务和后期的清洁消毒保障。而康复辅具的租赁应真正做到为使用者提供安心的服务和卫生的保障。

康复辅具租赁要提倡"一人一案，以人为本"。拿轮椅来举例，需要告诉老人什么时间、什么地点、什么状态下需要使用什么样的轮椅，同时考虑老人和轮椅的关系。老人不再是简简单单地选择租一台轮椅，更多的是能够给使用者提供更人性化的服务，这是传统的共享方式不具备的优势。相比传统共享，康复辅具租赁更加干净卫生，辅具使用过后都要经过严格的清洗消毒的过程，才能提供给下一个人使用。

三、怎样解决老年人周边出行的问题

对于一些行动不便或身患疾病的失能老年人来说，在诸多的生活不便利中，他们更需要有便利的设施条件来解决出行问题。康复辅助器具产品，特别是前面介绍的各种型号手动/电动适老功能轮椅，就能帮助老年人在居住范围内有效解决他们的出行问题。

但是，除了配备合适的功能轮椅，为了让其最大限度地发挥有效作用，在适老环境的建设过程中要强调在任何一个空间都要预留足够大的轮椅回旋区。所以，这里的适老环境就对于环境空间提出了比较高的要求：地面的要求是零高度差，门开合的角度要大于90 度；起居空间中的各类把手、扶手设计以及功能开关位置要因人而异，而不是采用一般性设计。要实现"水平零高差，垂直零距离"。所谓"水平零高差"，就是地面必须要平，不能有高坎或高度差。"垂直零距离"，就是要给适老功能轮椅或其他移动类康复辅具留有足够的接近空间，不能在克服障碍的同时又形成了新的障碍。

解决老年人周边出行问题，除了为其配备相应的辅具，改善所居住社区及家庭的生活环境，还需要有自发或特定的相关组织对老年人进行义务关爱，应主动协助老年人出行，对于康复辅具的使用损坏情况应及时发现并进行调整或维修。

四、推进康复辅具供需对接

在互联网技术日新月异的今天，为更好地解决康复辅助器具产品的供需对接问题，应对老年人进行科学的健康管理，及时了解掌握老年人群的健康状况，建立高质量的健康数据档案。这既能成为缓解老年人医疗费用不断增长、保障老年人晚年幸福生活的重要途径，又能为康复辅具产品的设计研发指明方向，实现供给侧与需求侧的精准对接。

老年人健康数据档案包括各项生理参数、生活方式调查、自理能力评估、慢性病诊疗档案和常规体检材料以及心理健康状况等。目前，我国老年人的健康档案存在档案质量不高、档案使用率低、慢性病管理效果不明显等问题，还需要不断加以完善。

有了健康数据档案，有了数据支持，就可以准确掌握老年人的实际需求。比如，就可以为有出行困难的老年人提供上门服务，就可以为他们提供更精准的服务。这样一来，老年人才能更好地享受智慧养老模式，体会建立健康数据档案带来的便利。

在具体做法上，各级各类养老机构应当为老年人建立完善的健康数据档案，并根据服务协议和老年人的生活自理能力，实施分级分类服务。通过组织定期的体检，做好疾病预防和健康数据记录工作。有条件的街道、社区也要根据各地实际情况为辖区内的老年人建立健康数据档案。在利用常规技术手段进行健康数据收集的同时，还可以利用智能化的康复辅助器具进行信息抓补，进一步补充完善老年人健康档案，以便于更早地进行精准医疗。可以在有条件的地区试点推广可穿戴式的生理参数监测设备，如用于睡眠监测的床垫等辅具类产品。

智能生命体征监测系统

五、树立全社会康复理念

2016 年 10 月 27 日，国务院印发《关于加快发展康复辅助器具产业的若干意见》（国发〔2016〕60 号，简称《意见》），对今后一个时期我国康复辅助器具产业的发展作出了全面部署。紧接着，2017 年 1 月 18 日，国务院办公厅印发《关于同意建立加快发展康复辅助器具产业部际联席会议制度的函》（国办函〔2017〕10号），联席会议制度将确保《意见》中提出的各项政策措施落到实处。《意见》的出台具有重大意义，是新中国成立以来首次在国家层面对康复辅助器具产业进行顶层设计和谋篇布局，有利于产业的健康持续发展，也有利于积极应对人口老龄化，满足广大老年人康复服务的巨大需求。

同时，《意见》的出台也将积极促进康复辅助器具纳入医保。很多辅具使用者都是低收入的弱势群体，因此辅具产品能否纳入医保尤为关键。目前，我国对康复辅助器具医保方面主要有三方面的政策支持：一是工伤人员的康复辅具已经纳入工伤保险范围；二是北京、上海、深圳、宁波等部分地区已建立贫困残疾人康复辅具补贴制度；三是一些地区已将部分康复辅具纳入医保和新农合报销范围。《意见》明确提出，鼓励有条件的地方研究将基本的治疗性康复辅具逐步纳入基本医疗保险支付范围；支持商业保险公司创新产品设计，将康复辅具配置纳入保险支付范围；鼓励金融机构创新消费信贷产品，支持康复辅具消费。此外，《意见》还要求建立产品和服务质量"红黑榜"制度，保证辅具产品和服务质量，让使用群体能够用得安全放心。

经验传真

浙江省嘉兴市嘉善县出台康复辅具租赁工作方案，推出护理床、电动轮椅、吸氧机、排泄机、护理床垫等5大类12项康复辅具租赁服务，并将该项工作纳入长护险、养老服务补贴制度范畴，康复辅具由第三方租赁服务机构充分保障。根据辅具市场购买价格及老年人的经济承受程度分别确定每项租赁价格，日租金2元到40元不等。对于接受居家上门护理服务并享受长护险的对象，可用长护险护理券支付租赁费用；对接受养老机构、医疗机构护理服务并享受长护险的对象，可在其享受的床日费用中支付租赁费用；对接受居家上门护理服务并享受养老服务补贴政策的对象，可用居家养老服务补贴支付租赁费用。

对老年人等康复辅具使用群体来说，只有解决了购买、支付、使用安全等诸多问题，辅具产品才能走入千家万户，才能真正到达有需求的老年人手中，才能在全社会范围内树立起积极的康复辅具应用的理念。

第十章　适老健康支持环境

健康是促进人的全面发展的必然要求，是经济社会发展的基础条件，也是广大人民群众的共同追求。老年群体是我国最大的"健康脆弱"群体。老年人的多数健康问题是由慢性疾病导致的，慢性病病程长、流行广、治疗费用贵、致残致死率高。在人口老龄化和疾病谱转变的背景下，健康服务的需求主体和需求内容已经发生变化，这也就必然要求健康政策做出相应的调整。

环境与个体健康关系密切。对于老年人而言，遗传因素对寿命的影响只占 25％，而其他 75％ 则取决于个人行为、环境等外因及其与遗传因素交互作用的影响。[1] 因此，提升老年人的健康水平、实现健康老龄化的目标，必须要改善全社会的健康支持环境。政府及社会应以提高人口的健康和福祉为根本目标，共同创建促进老年人健康水平的支持环境。

适老健康支持环境的创建旨在通过调整理念、扩展服务、完善管理、提高质量，实现健康服务模式由以疾病诊疗为主转向预防保健、疾病治疗、康复护理服务的全覆盖，让老年人能够获得公平可及、系统连续的健康服务；实现医疗卫生资源和社会服务资源的有效衔接，为老年人提供治疗期住院、康复期护理、稳定期生活照护以及临终关怀的一体化服务，以提高老年人健康水平和生活质量，实现健康老龄化，推进健康中国建设。

---

[1] 曾毅．老龄健康的跨学科研究：社会、行为、环境、遗传因素及其交互作用［J］．中国卫生政策研究，2012，5（2）：5—11．

一、普及健康生活

许多不正常生活方式如吸烟、喝酒、缺乏运动、饮食不均衡等，使老人易罹患慢性病。据世界卫生组织统计，约80％的心脏病、中风和Ⅱ型糖尿病是可以通过降低风险因素来进行预防或缓解。[①] 为了实现健康老龄化的目标，迫切需要加强健康促进工作，倡导健康老龄化理念，提升老年人的健康素养，引导老年人采用健康的生活方式、延长健康预期寿命。

（一）倡导健康老龄化理念

老年期的健康问题，是生命周期各个阶段的健康问题不断积累而成的。因此，无论是个体健康还是群体健康，健康老龄化战略所着眼的是对健康长期的、全面的干预和促进。[②] 世界卫生组织特别指出，老年人的能力和健康需求具有多样化，这种多样化并不是随机产生的，而是根源于整个生命过程中的所有事件和经历。虽然很多老年人最终都会面临众多的健康问题，但是年老并不意味着无法独立。[③]

因此，我们要充分认识到，年老不等于疾病，年老也不等于依赖和负担。同时，每个人都有维护自身和他人健康的责任，健康的生活方式能够维护和促进自身健康。每位老年人都可以从现在做起，通过健康生活方式，改善自身健康状态，越早开始，越早受益。家庭和社会也应该认识到这一点，为老年人创造建立健康生活方式的家庭氛围和社会环境。

---

① 世界卫生组织．中国老龄化与健康国家评估报告．2016．来源：http：//apps．who．int/iris/bitstream/10665/194271/5/9789245509318－chi．pdf？ua＝1．

② 陆杰华等．健康老龄化的中国方案探讨：内涵、主要障碍及其方略．人民网．2017年11月7日．http：//theory．people．com．cn/n1/2017/1107/c40531－29631975．html．

③ 世界卫生组织．关于老龄化与健康的全球报告，2015．

（二）提升老年人健康素养

健康素养是指个人获取和理解基本健康信息和服务，并运用这些信息和服务做出正确决策，以维护和促进自身健康的能力。近年全国健康素养监测结果显示，我国居民健康素养水平不断提升，城市居民、东部地区居民、年轻人、文化程度较高者健康素养水平提升较快，而农村居民，中西部地区居民、老年人、文化程度较低者健康素养水平提升缓慢，仍处于较低水平。

结合健康促进县（区）、健康促进场所和健康家庭建设活动，通过设立健康专栏和开办专题节目等方式，充分利用电视、网络、广播、报刊、手机等媒体的传播作用，组织开展符合老年人特点的健康素养传播活动，深入宣传《中国公民健康素养——基本知识和技能》、《中国老年人健康指南》等宣传力度，全面提升城乡老年人的健康素养。针对影响老年人健康的主要因素和问题，建立健康知识和技能核心信息发布制度，并加强监督管理，及时监测纠正虚假错误信息。

中国老年人健康指南

《中国老年人健康指南》由全国老龄办和原国家卫生计生委联合编制，从健康生活习惯、合理膳食规律、适量体育运动、良好心理状态、疾病自我控制、加强健康管理等六方面，向老年人提出了 36 条科学建议，倡导老年人培育良好的卫生习惯和健康的生活方式，实用性强、通俗易懂，能有效提高老年人的健康素养。

（三）方便老年人体育健身

缺乏身体活动已成为全球范围死亡的第四位危险因素。许多国家缺乏身体活动的人群比例在不断增加，这对全世界人群的健康状况和慢性疾病的患病率有重要影响。① 当前我国老年人以低龄老年人为主，随着生活水平的提高和闲暇时间的增加，他们对体育健身的热情高涨。在我国城乡各地，健步走、太极拳、广场舞等体育健身活动不但能够强身健体，同时还能促进人际交流，扩展社会交往，已经成为很多老人不可或缺的日常活动。然而这些活动常常引发"影响周边居民的正常生活"、"干扰交通"以及"抢占地盘"的争执，造成这一现象的一个重要原因在于体育健身场所和设施不仅数量缺乏，而且缺乏专业规划与设计。

因此，要构建政府主导、多元主体参与的特殊群体体育活动保障体系，加大供给力度，提高精准化服务水平。加强对老年人、残疾人等特殊群体开展体育活动的组织与领导，研制与推广适合特殊群体的日常健身活动项目、体育器材、科学健身方法。广泛调动社会力量，为老年人参加体育活动提供场地设施、科学指导等保障服务。

（四）增强老年人防骗意识

老年人是一个特殊的消费群体，他们防范意识较弱、维权能力较低。一些不法商人利用老年人对健康的强烈需求，以"健康讲座"、"免费体检"或"名医义诊"之名，进行虚假宣传、设局骗钱，令许多参加这类活动的老年人上当受骗。2016 年中国消费者协会在 3·15 期间向老年人特别提出了十大消费风险提示，其中有病切忌乱投医、虚假广告要辨别、专家忽悠不上当、无效退款难实现、养生讲座不购物、保健品药品要区分六大消费陷阱都和健康领域相关。

为此，全社会和家庭都应更多地关注老年人精神健康，丰富老年人晚年生活，让他们远离情感孤独，不要让骗子们利用老年人渴望被重视、关心的心理，通过打"亲情牌"，降低老年人的警惕性

———————————

① 世界卫生组织．关于身体活动有益健康的全球建议．2010.

和防范意识。加大防范宣传力度，增强广大老年人的防骗意识。以老年人易于接受、喜闻乐见的方式，对常见诈骗方式、危害、识别方法进行宣传，提高防范意识。规范保健品、食品药品经营，加强巡逻防范，加大打击犯罪力度，有效保护老年人权益。更重要的是，帮助老年人提升健康素养，真正铲除不法分子以健康之名对老年人实施诈骗的土壤。

> **经验传真**
>
> 2017 年，烟台市反电信网络诈骗中心利用电视宣传、微信公众号等多种形式，针对"负离子、纳米技术有特效"等常见诈骗手段对老年人进行揭秘宣传，并提出针对性防范措施意见。全市各级老龄部门利用微信公众号和发放老年人防骗宣传海报、防诈宣传指南等方式，进行案例式健康教育专项警示宣传。

二、人人享有健康管理

健康管理理念的核心是对个人及人群的各种健康危险因素进行全面监测、分析、评估、预测，并进行计划、预防和控制，旨在调动个人、集体和社会的积极性，有效地利用有限的卫生资源来满足健康需求，以达到最大的健康效果。[①]

（一）健康管理深入社区

在社区层面积极开展老年健康管理工作，为社区老年人建立健康档案，定期对老年人进行健康状况评估，及时发现健康风险因素，促进老年疾病早发现、早诊断、早治疗。加大老年人常见慢性

---

① 黄建始. 美国的健康管理：源自无法遏制的医疗费用增长 ［J］. 中华医学杂志，2006，86（15）.

疾病的筛查工作，扩大对高血压、糖尿病等疾病的筛查范围，并进行早期诊断和预防控制工作，强化老年人健康管理。积极推动健康管理走进家庭，成立"人人参与"式的老年人健康互助小组，通过团体活动的形式，开展自助和互助，强化老年人的健康自我管理。发展基于互联网的健康服务，鼓励发展健康体检、咨询等健康服务，促进个性化健康管理服务发展。

（二）家庭医生不再遥远

在基层医疗卫生机构稳步推进家庭医生签约服务模式。基层医疗卫生机构应当为本服务区域内的居民建立健康档案，根据居民健康状况和医疗需求，建立服务团队，与居民签订协议，明确服务内容，提供基本医疗、公共卫生和健康管理服务。还可开辟"家庭医生活动室"，定期派驻家庭医生开展健康教育、健康咨询等服务，以"点对点"方式开展个体化健康评估和规划，动态监测老年人健康状况。在政策制定、资金投入、组织实施、监督管理等方面齐抓共管、多方发力，打造基层家庭医生服务团队，壮大家庭医生队伍，提高家庭医生的业务能力，发挥家庭医生的居民健康"守门人"作用，为广大老年人提供系统、连续、公平的健康服务。

经验传真

厦门市思明区鼓浪屿街道社区卫生服务中心以"三师共管，分级诊疗"、"家庭医生签约"为抓手，开展健康管理工作。为全岛60岁以上老年人建立了居民健康档案，根据老人健康情况按"红、黄、绿"三种标准，制订管理方案，分别配备"三甲医院专科医师、基层全科医师及健康管理师"，形成"三师共管"模式，确保精准服务到每个老人。其中，全科医师负责落实、执行治疗方案，实行病情日常监测和协调双向转诊，健康管理师侧重居民健康教育和患者的行为干预，专科医师负责明确诊断与治疗方案和指导基层的全科医师。另外，鼓浪屿街道还与医院签订协议，由医务人员对辖区居民"包片"服务，让每户都有"家庭医生"。"三师共管"模式实现了基层与大医院"上下联动、双向转诊"，使医疗卫生服务和健康管理服务有机地结合起来。

（三）心理健康更受关注

心理健康和生理健康同样重要，两者互相影响，互相促进。据统计，我国 27％的老年人有明显焦虑、忧郁等心理障碍，农村老年人心理健康问题更为突出。[①] 老年心理关爱工作是一项系统工程，需要政府、社会、家庭、个人的共同努力。要高度重视老年心理关爱问题，从"养、医、教、学、为、乐"六个方面切实关注和促进老年人的心理健康。

充分利用老年大学、老年活动中心、基层老年协会、妇女之家、残疾人康复机构、有资质的社会组织等宣传心理健康知识。通过培训专兼职社会工作者和心理工作者、引入社会力量等多种途径，为空巢、丧偶、失能、失智、留守老年人提供心理辅导、情绪疏解、悲伤抚慰、家庭关系调适等心理健康服务。鼓励有条件的地区适当扩展老年活动场所，组织开展健康有益的老年文体活动，丰富广大老年人精神文化生活，在老年人生病住院、家庭出现重大变故时及时关心看望。护理院、养老机构、残疾人福利机构、康复机构积极引入社会工作者、心理咨询师等力量开展老年人心理健康服务。

---

① 世界卫生组织．中国老龄化与健康国家评估报告．2016．来源：http：//apps. who. int/iris/bitstream/10665/194271/5/9789245509318－chi. pdf？ua＝1.

经验传真

2017年，北京市西城区月坛老龄协会开展老年志愿心理辅导，培养"社区心理医生"。心理辅导员培训课有10期免费课程，课程主要包括老人积极心理学、老人情绪管理、老年病的心理应对、老年心理慰藉、老年资本建设和家庭隔代教育等。心理培训课结束后，志愿者们会进入各社区，为社区的老人服务，帮助老人解决心理问题。

三、老年人看病不再难

（一）看病更有效

随着人口老龄化的发展，我国的疾病谱正从以传染性疾病为主，转向以高血压、心脏病、脑卒中、癌症等慢性非传染性疾病为主。非传染性疾病的患病率随年龄的增长而上升，严重威胁着老年人的健康。然而，我国现有的老年医疗卫生服务仍然是以急性期的医疗服务为重点，缺乏针对老年病的专业医疗卫生服务，普遍对老年人跌倒、尿失禁、溃疡、虚弱乏力和功能障碍等老年病和症状不够重视，对老年人多重用药的指导性不足。我国有15％的老年人明确表示医院不能有效治疗其已有的病症。① 老年医疗卫生服务能力不足、质量欠佳并缺乏可持续性，是老龄社会背景下我国医疗卫生服务所面临的重大难题。

为此，应将老年医疗卫生服务纳入各地卫生事业发展规划，积极发展老年专业性医疗卫生服务，特别是要加强老年护理、康复等领域的医疗服务能力建设。通过存量调整和增量引导的方式，新建、改扩建以及扶持一批老年病医院、护理院、老年康复医院。有条件的二级

---

① 世界卫生组织．中国老龄化与健康国家评估报告．2016．来源：http：//apps.who.int/iris/bitstream/10665/194271/5/9789245509318—chi.pdf？ua＝1.

以上综合医院应当设立老年病科，为老年病患者提供专业化服务。加强康复医师、康复治疗师以及康复辅助器具配置人才的培养，广泛开展偏瘫肢体综合训练、认知知觉功能康复训练等老年康复护理服务。

（二）看病更方便

多数老年人希望其健康问题能够就近在社区层面得到解决，这就对社区医务人员的技术水平提出了较高的要求，应大力加强基层医疗卫生服务队伍建设，同时鼓励医师利用业余时间、退休医师到基层医疗卫生机构执业或开设工作室。全面建立成熟完善的分级诊疗制度，形成基层首诊、双向转诊、上下联动、急慢分治的合理就医秩序，健全治疗－康复－长期护理服务链，提高基层医疗卫生服务的可及性。鼓励基层医疗卫生机构和医务人员与居家老人建立签约服务关系，为老年人提供连续性的医疗服务，签约服务要做实做细，不搞突击达标、不搞有名无实的"花架子"。

推动医疗卫生机构开展远程服务和移动医疗，逐步丰富和完善上门医疗服务的内容及方式，为适合在家护理的老年患者和失能老年人，以家庭病床等方式，提供居家医疗卫生服务。积极鼓励医疗卫生机构与养老机构开展多种形式的签约服务、协议合作，方便入住养老机构的老年人获得医疗卫生服务。

经验传真

河北邯郸以"健康小屋"为平台，以常见病、多发病、慢性病分级诊疗为突破口，推动医疗卫生工作重心下移、资源下沉，加强医疗、医保、医药协调联动，搭建起二级以上医院与社区、乡村卫生院等基层医疗机构之间的双向转诊平台，促进群众在基层首诊，并简化转诊大医院的就医流程，构筑"小病在社区（农村），大病进医院，康复回社区（农村）"的分级诊疗就诊模式，让群众看病少花钱、少走路。

（三）看病更轻松

医保报销比例是多少？看病找不到科室怎么办？对于不少老年人来说，顺利完成挂号、问诊、报销等环节，着实存在困难。特别是目前医院设备越来越先进，设备越来越智能，但是老年人却越来越不会看病了。因此，各级医疗卫生机构要重视老年人诊疗流程的优化，为老年人开设挂号、就医、报销等绿色通道；在门诊大厅设置咨询服务台、公示栏、电子触摸屏等服务设施，并配备轮椅等设施设备，加强志愿者服务；多保留一些人工服务，或在智能机旁增加导医为老年人提供帮助。要加强人文关怀，改进医务工作者的态度，提升与老年人的沟通交流技巧；倡导为老年人义诊，为行动不便的老年人提供上门服务。

（四）临终有尊严

当生命走到尽头的时候，每个人都希望平静而有尊严地离开这个世界。"以人为本"而不是"以病为本"，为疾病终末期患者在临终前提供身体、心理、精神等方面的照护和人文关怀等服务，让每一个人舒适、安详、有尊严地离去，是健康老龄化的终点。目前，我国开展临终关怀工作的专业机构仍然较少，临终关怀服务供给缺口巨大。

中国人普遍忌讳谈"死"，老人更是如此。因此，要广泛开展生命教育，引导树立科学死亡观，正确认识和对待生老病死客观规律。更为重要的是，要加强政策支持和服务引导，将临终关怀事业纳入医疗卫生和养老服务业重点发展领域，制定和组织实施临终关怀事业发展专项规划。创新建立医疗机构、养老机构、社区、家庭等全社会共同参与的临终关怀模式，推进临终关怀服务更加规范、更为普及。

经验传真

北京市西城区德胜社区卫生服务中心，从 2009 年开始探索社区居家临终关怀工作，服务内容包括舒缓医疗、舒适护理、心理慰藉、中医扶正等。中心为居家及入住社区病房的老年人提供人性化的临终关怀服务，有效提高了临终者的生活质量，让患者有尊严、平静安详地离开人世。

四、以医养结合助力长期照护

由于老年人健康需要的复杂性，对老年人的服务不能等同于对病人的服务，医养结合不能简单地理解为解决看病难的问题，更不能理解为以医代养。在医养结合中，养是基础，医是保障，要始终将医养结合聚焦在推进医疗卫生和养老服务的优势互补上，聚焦在提高老年人长期照护质量上。政府资源，包括资金投入、设施建设等要更多地用于经济困难失能老年人群体的养老服务。[①]

可见，老龄社会背景下医养结合的目标在于建立一种有效的资源整合机制，满足广大失能失智老年群体及其照顾者在生活支持、协助、照顾及相关医护服务方面的综合性需求，需要明确方向定位、理顺体制机制、完善标准规范，推进医养结合的健康有序发展。通过慈善救助、社会福利及长期护理保险等多种渠道为失能失智老年人获取长期服务提供经济支持。

五、提高健康养老服务科技含量

发展健康养老数据管理与服务系统。运用互联网、物联网、大

---

① 民政部高晓兵副部长在 2017 年全国医养结合工作会议上的讲话，2017 年 4 月 26 日.

数据、智能硬件等信息技术手段，实现个人、家庭、社区、机构与健康养老资源的有效对接和优化配置，推进智慧健康养老应用系统集成，对接各级医疗机构及养老服务资源，建立老年健康动态监测机制。

丰富智能健康养老服务产品供给。针对家庭、社区、机构等不同应用环境，发展健康管理类可穿戴设备、便携式健康监测设备、自助式健康检测设备、智能养老监护设备、家庭服务机器人等，满足多样化、个性化健康养老需求。推动企业和健康养老机构充分运用智慧健康养老产品，创新发展慢性病管理、居家健康养老、个性化健康管理、互联网健康咨询、生活照护、养老机构信息化服务等健康养老服务模式。

规范和推动"互联网＋健康医疗"服务。创新互联网健康医疗服务模式，持续推进覆盖全生命周期的预防、治疗、康复和自主健康管理一体化的国民健康信息服务。全面建立远程医疗应用体系，发展智慧健康医疗便民惠民服务，优化医疗资源配置、实现优质医疗资源下沉。

经验传真

为了保障和改善民生，舟山市整合市、县（区）、乡镇、社区（村）四级医疗资源，打造了覆盖舟山群岛的远程医疗协作网，使居民就近享受大医院的优质医疗服务。以舟山医院、市妇幼保健院等大医院为依托，构建由实体医疗机构通过互联网技术组成线上虚拟"舟山群岛网络医院"。以云计算、物联网、移动互联网以及大数据技术作支撑，支持网络视频、音频同步，通过实时共享病历、诊疗和历史健康记录等信息，为患者提供病情分析、疾病诊断、确定治疗方案、预约诊疗和后续面向个人和家庭的健康监测、评估、咨询等综合性的新型健康服务。

第十一章　适老社会参与环境

老年是人的生命的重要阶段，是仍然可以有作为、有进步、有快乐的重要人生阶段。在国际上，让老年人继续参与社会，持续发挥老年人在经济社会发展中的作用是各国积极应对人口老龄化的政策共识。在我国，参与社会发展和共享发展成果是老年人的一项法定权利，全社会要共同努力，积极创造适合老年人社会参与的环境，保障老年人广泛参与经济、政治、文化和社会生活，促进经济发展、增进社会和谐。

一、什么是老年人社会参与

作为国家公民和社会成员，老年人参与社会既是履行公民权利和义务，也有益于老年人身心健康。"社会参与"中的"社会"一词是一个广义的概念，涵盖了个人和家庭之外的全部其他领域。老年人社会参与范围很广，包括老年人在家庭之外的所有交往和活动，参与内容大致可分为经济、政治、社会、文化等几个主要方面。

老年人经济参与是指，老年人依法从事经营和生产活动，在老年人自愿和量力的情况下，参加农业、工业、服务业、科学技术等领域的生产劳动、科技开发、咨询服务等活动。在城市，一些老年人在退休之后，仍然继续参与有偿或无偿的生产劳动和社会服务。通常，人们将定期领取劳动报酬的老年人称为再就业的老年人。在农村，大部分老年人都参与生产劳动，虽然没有固定报酬，但他们的工作是老年人经济参与的重要组成部分。特别是在劳动力大量输出的中西部地区农村，老年人的经济参与对家庭和集体都做出了重要贡献。在老龄化背景下，劳动力资源越来越珍贵，老年人继续参与经济活动应得到鼓励和支持。

老年人政治参与是指，老年人依法参与人大代表选举、参与城乡居民自治组织选举、向各级政府和社区提出意见和建议等参政议政活动。离开工作岗位之后，社区成为老年人最主要的活动场所，也是老年人政治参与的主要平台。在社区，老年人的政治参与主要是指老年人对社区政务的关注、参与和监督过程。

老年人社会参与是指，老年人参与维护社会治安、协调解决民间纠纷、关心教育下一代、兴办社会公益事业等社会服务和志愿服务活动等。参与各类社会公益活动，既有利于老年人充实生活、广交朋友、适应社会发展、保持与社会的接触；也有利于老年人发挥服务社会、贡献社会、促进社会进步的正能量；还有利于树立老年人的正面形象，在全社会培育积极老龄观。老年人是中华优秀思想品德的实践者和传播者，老年人关心社区发展、参与社区事务、贡献社区建设，为年轻人树立了榜样。

老年人文化参与是指，老年人参与文化建设，包括文化传承、艺术表演、文艺作品创作等。老年人经常参与的文化活动包括参加老年大学（学校）的学习活动，参加各种文艺团体、文化机构、老年活动中心的文化艺术、体育健身活动和知识技能交流活动等。老年人是中华优秀传统文化的传承者和弘扬者，老年人文化参与是社会文化建设的重要组成部分。

在人口老龄化背景下，老年人社会参与具有双重意义：对社会来说，老年人社会参与能发挥老年人的经验优势，继续为社会发展做贡献，有利于减轻人口老龄化带来的劳动力结构性短缺、老年抚养比增加等负面效应；对个人而言，参与社会有助于老年人改善自己和家庭的经济状况、保持社会交往、增进身心健康，实现人生价值，提高生活质量。

概念解读

老年人经济参与：老年人依法从事经营和生产活动，在老年人自愿和量力的情况下，参加农业、工业、服务业、科学技术等领域的生产劳动、科技开发、咨询服务等活动。

老年人政治参与：老年人依法参与人大代表选举、参与城乡居民自治组织选举、向各级政府和社区提出意见和建议等参政议政活动。

老年人社会参与：老年人参与维护社会治安、协调解决民间纠纷、关心教育下一代、兴办社会公益事业等社会服务和志愿服务等活动。

老年人文化参与：老年人参与文化建设，包括文化传承、艺术表演、文艺作品创作等。

二、适老社会参与环境及其建设意义

适老社会参与环境，是指有利于老年人参与经济、政治、社会、文化等公共事务，并在其中发挥应有作用的物理环境、文化环境、社会环境和政策环境的总和。既包括有利于老年人社会参与的硬环境，如居住条件、出行设施、活动设施等，又包括有利于老年人社会参与的软环境，如社会服务、文化氛围、政策环境等。

适老物理环境是指由客观物质条件构成的有利于老年人社会参与的环境，包括户外空间和建筑、交通、公共活动设施等。具体来说，配备电梯的建筑、清晰的标识、可供轮椅通行的坡道、规划合理的公共活动设施都是适老物理环境的组成部分。物理环境是老年人社会参与的客观物质基础，适老社会参与物理环境有利于提升老年人外出、活动的便利性、安全性和舒适性，减少老年人社会参与在客观物质条件方面的障碍。

适老文化环境是指由有利于老年人社会参与的价值观念、社会态度等构成的文化氛围。具体来说，包括对老年人的尊重、对老年人经验和价值的认可、对老年人融入社会的接纳，以及全体公民对老年期生活的积极看待。文化环境是老年人社会参与的前提，适老社会参与文化环境直接影响到老年人参与社会发展积极主动还是消极被动，受到欢迎还是受到排斥。

适老社会环境是指社会为老年人参与社会发展创造的条件和机会的总和。具体来说，畅通的老年人提出意见建议的渠道、企事业单位等正式或非正式组织为老年人提供的就业机会、老年人自发组成的社会组织的普遍建立等都是适老社会环境的重要组成部分。适老社会环境是老年人社会参与的平台，是老年人社会参与从意愿转变为行动的助推器。随着老年人社会参与理念不断深入人心，近年来适老社会环境的建设力度不断加大，老年人参与社会发展的条件不断提高、机会不断增加。

适老政策环境是指对老年人社会参与的政策保障水平。我国老龄事业的发展受到国际老龄政策倡导的影响。1991年，联合国大会通过了《联合国老年人原则》，确立"自立、参与、照料、自我实现、尊严"为老年人地位的五个普遍性标准。2002年，第二次老龄问题世界大会在马德里召开，大会后世界卫生组织出版了《积极老龄化政策框架》，提出了积极老龄化的健康、参与和保障三支柱，成为国际社会应对人口老龄化的政策共识。在国际老龄政策的推动和倡导下，我国的老年人社会参与政策覆盖面不断扩大，社会参与成为老年人的基本权利。《中华人民共和国老年人权益保障法》（以下简称《老年法》）在第一章总则中明确规定：老年人"有参与社会发展和共享发展成果的权利"。这是我国老年人社会参与的基本法律依据。除此之外，一些涉及老年人社会参与具体方面的政策如《老年教育发展规划》（2016－2020）、《关于进一步加强老年文化建设的意见》也对保障老年人社会参与权益、促进老年人参加老年教育及文化活动做出了具体规定。

政策传真

《中华人民共和国老年人权益保障法》规定：

第三条："老年人有从国家和社会获得物质帮助的权利，有享受社会服务和社会优待的权利，有参与社会发展和共享发展成果的权利。"

第四条："国家和社会应当采取措施，健全保障老年人权益的各项制度，逐步改善保障老年人生活、健康、安全以及参与社会发展的条件，实现老有所养、老有所医、老有所为、老有所学、老有所乐。"

第十条："各级人民政府和有关部门对维护老年人合法权益和敬老、养老、助老成绩显著的组织、家庭或者个人，对参与社会发展做出突出贡献的老年人，按照国家有关规定给予表彰或者奖励。"

第六十五条："国家和社会应当重视、珍惜老年人的知识、技能、经验和优良品德，发挥老年人的专长和作用，保障老年人参与经济、政治、文化和社会生活。"

第六十八条："国家为老年人参与社会发展创造条件。"

总体来看，目前我国老年人的社会参与率不高，参与意愿不强，主动意识不够，这和我国目前的社会参与环境不够完善直接相关。在硬环境方面，适宜老年人的公共设施和空间、出行工具、道路交通设施、建筑物标识等，离老年人安全便利要求尚有较大差距。软环境方面，社会上仍然存在对老年人的偏见，认为老年人是社会发展的负担，是社会财富的消耗者等。因此，应通过社会宣传、公民教育等途径，提高社会公众的认知，消除对老年人的歧视。政府和社会应积极建设适老社会参与环境，通过有效的社会政策，为老年人提供更加公平的参与机会，消除年龄歧视，加强老年人与社会的联系，为老年人参与社会、贡献社会创造条件。

三、如何推进适老社会参与环境建设

适老社会参与环境建设，从建设内容来说，既包括创造有利于老年人社会参与的硬环境，也包括建设有利于老年人社会参与的软环境。适老社会参与环境建设应兼顾两者，做到硬环境和软环境的有机融合。本书其他章节已对硬环境建设进行了全面阐释，这里主要对如何建设有利于老年人社会参与的软环境提出具体建议。

（一）培育积极老龄观

在全社会培育和树立积极老龄观，需要政府、社会和老年人的共同努力。要通过多样化的宣传、教育和学习活动，在全社会消除对老年人的歧视和排斥，积极看待老年人和老年生活。让全体国民认识到人口老龄化是社会发展进步的结果，老年是人的生命的重要阶段，是仍然可以有作为、有进步、有快乐的重要人生阶段。在看到人口老龄化带来挑战的同时，也要看到人口老龄化带来的有利条件和发展机遇，及早为老年期做好准备，具备适应老龄社会的能力。同时，要使公众认识到，社会有责任接纳和帮助老年人继续参与社会，老年人不是社会的包袱，而是仍然具有参与社会发展的权利、能力和愿望的公民。

引导全社会增强接纳、尊重、帮助老年人的关爱意识和老年人自尊、自立、自强的自爱意识。要以新理念引导老年人保持老骥伏枥、老当益壮的健康心态和进取精神，发挥正能量，作出新贡献。积极创造有利的社会环境，帮助老年人在实践中建立积极老龄观，并加强社会公众对老年人积极形象的认同。在政策制定中，凡涉及老年人重大权益的，都应当听取老年人和老年人组织的意见。在社会治理中，要发挥老年人在化解社会矛盾、维护社会稳定中的经验优势和威望优势。在日常生活中，通过开展文化活动和志愿活动等方式，创建代际互动的平台，增强代际间的理解和互助。

（二）发展老年教育

老年教育的主要目的是为了满足老年人不同层次的需求，提高老年人生活质量，促进老年人社会参与。发展老年教育既是提高老年人社会参与能力的重要途径，也是老年人社会参与的重要组成部分。开展老年教育，应在丰富老年教育形式、充实老年教育内容、突出老年人主体性、重视社区老年教育等几个方面多下功夫。

首先，丰富老年教育形式。当前我国老年教育的形式比较单一，绝大多数还是采取开办老年大学、老年学校的形式。今后，既要充分发挥各级各类学校现有的教育教学资源的作用，又要利用图书馆、博物馆、文化馆、社区活动中心、成人教育学院等社会教育资源，多样化、灵活地开展老年教育，将老年教育与学校教育、社区教育、地区社会教育活动融合起来。另一方面，进行教学方式的革新，推动正规教育、非正规教育和非正式教育三种形式并行发展。推动开放大学和广播电视大学举办"老年开放大学"或"网上老年大学"，并延伸至乡镇（街道）、城乡社区，建立老年学习网点。

其次，丰富老年教育内容。老年群体内部的差异性很大，文化背景、社会经历、家庭环境及志趣爱好不同，老年人的学习动机和学习要求也不尽相同。但目前我国老年教育的内容比较单一，以兴趣爱好和休闲娱乐为主。今后，我国老年教育的内容应更加灵活多样，根据老年人的不同需要，在兴趣爱好、文化知识、医疗卫生、养生保健、专业技能、家庭关系、退休准备、生死教育等多个方面，组织老年人开展多种形式的教育和学习活动。此外，在老年教育中还应突出老年人的主体性，根据老年人的兴趣和需求设置课程、开展教学、实施管理。如在老年教育管理上，实施民主管理，强调学习过程的分享、讨论和参与。

最后，重视发展社区老年教育。社区是老年人生活的主要场所，是实施老年教育的主要载体。积极培育社区老年文化氛围，充分调动老年人参与学习的积极性和主动性，使学习风尚融入老年人生活。可探索在城乡社区成立社区老年教育指导委员会，加强老年教育在社区的统筹规划，并充分发挥城乡基层老年协会在老年教育中的作用，确保社区老年教育有人管。社区老年教育潜在资源多，但较为分散，要加强整合，将社区老年教育纳入社区教育体系，充分利用现有的社区学院、成人学校开展老年教育。将老年教育纳入社区公共服务体系，依托社区服务中心（社区服务站）、文体活动站点及周边公共服务设施开展老年教育活动。在社区中还应配备老年人学习所需的设施设备，方便社区老年人依托自发组建的各类学习小组和兴趣小组进行学习。

经验传真

天津市和平区五大道街文化里社区十分重视老年教育工作，周一到周五都安排了丰富的课程。周一是编织课。老年人们编织自己喜爱的物品，编织作品多次参加各类展示活动。老年人们在编织组里，不仅学会了编织本领，同时提高了艺术鉴赏力。周二是体育舞蹈课。老年人学习柔力球、太极拳、太极掌、养生舞、养生太极扇、太极拂尘、太极养生掌、广场集体舞等30多个舞种。曾多次参加各种慰问活动，多次获得奖项。周三是医疗保健课。协会请到市老年大学中医高级班的老师讲课，给老年人讲授传统中医治疗和保健方法。周四是理论课。由本社区的党支部书记、党员骨干带队，围绕党中央的大政方针及社会热点和焦点问题，结合国内外形势，进行学习和分析。周五是合唱课。老年人汇聚一堂，学唱红色经典歌曲。

（三）开发老年人力资源

开发老年人力资源是"老有所为"的必然要求，但目前相关政策缺位的情况较为突出。当务之急是完善老年人力资源开发的法律法规和政策规章，建立健全管理老年人继续参与经济社会建设的机制。具体做法包括：出台鼓励老年人力资源开发的政策规章，延长退休年龄，实行弹性退休制度，保护老年人才的基本权益；建立老年人才信息库，成立老年就业介绍中心，为老年人参与经济社会发展搭建平台；鼓励企事业用人单位结合老年人的优势开发适合的工作岗位，并完善对老年人的工作管理制度；对老有所为贡献突出的老年人，以及在老有所为工作中贡献突出的单位和个人，给予表彰或奖励，等等。

继续开展鼓励老有所为的活动和项目。"银龄行动"是我国开发老年人力资源较成功的案例，其经验和做法值得借鉴。2003年，为响应国务院西部大开发号召，全国老龄委启动了老知识分子援助西部的"银龄行动"，组织东部经济发达地区的老专家、老科技工作者援助西部落后地区。目前，"银龄行动"在全国广泛开展，大量老年医务工作者、科技工作者、教育工作者、法律工作者、农业专家等都积极参与，对于发挥老年人的才智和价值、推动落后地区发展，发挥了积极作用。各地可因地制宜，组织各行业的老年人才为经济社会发展继续贡献力量。

经验传真

2015年，日本65岁以上公民继续就业的比例达到21.7%。2013年4月日本开始实施新的《老年人就业稳定法》，规定企业取消继续雇佣的限制条件，让有工作意愿的员工都能工作至65岁。对于违反规定的企业，政府可以将其公布于社会，公共职业介绍所不受理该企业招聘员工手续。日本从1986年开始在各大城市和市町村的社区设立"银发人才中心"。"中心"是公益法人，其前身是政府帮助建立的名为"高龄者事业团"的地方公共团体。中心一般将辖区内60岁以上愿意在社区范围内从事经济生产活动老年人的特长技能及希望工作时间等信息登记在册，并进行专业分类，然后提供临时短期的工作岗位和机会。银发中心经常对老年人进行职业培训，让老年人掌握更多的技能，为再就业提供有利的条件。另外，随着延迟退休年龄制度的实施，日本企业积极扩充适合老年人的工作岗位。例如，在制造业，让老年人主要负责安全监督的工作；在金融机构，发挥老年人长期积累的职业经验，让老年人从事咨询、培训员工等工作。对于雇佣老年职工的雇主，政府除了给予补贴以外，还额外发放贷款。企业普遍实现正社员制度、契约社员和小时工等多种雇佣形式，使老年人能灵活安排工作时间，方便老年人就业。

（四）推进老年志愿服务

志愿活动的普及体现了社会的文明进步，是现代社会公众参与社会生活的重要方式。在早期开展的志愿服务活动中，老年人主要是被服务的对象。随着我国经济社会快速发展，社会公共政策体系逐步完善，老年人生活状况整体改善，社会参与意识逐渐提高，越来越多的老年人热心公益事业，积极参与志愿服务活动。随着北京奥运会、上海世博会的召开，老年群众以志愿者身份参与社会的形式取得了较大进展。截至 2015 年底，全国的老年志愿者已达到 2000 万。

目前，我国老年人参与的志愿服务形式多样，既有政府部门、基层社区、公益机构组织的志愿服务活动，也有老年人自发组织的志愿服务活动。政府部门组织的志愿服务活动一般规模较大、程序规范、社会影响较大。老年人自发组织的志愿服务活动通常规模较小、形式灵活，但更加贴近老年人的生活，能更加及时有效地解决社区和老年人生活中的问题。

为促进老年人社会参与，应广泛组织以社区服务为重点的老年志愿活动，鼓励和支持老年人参与社区治安维护、社区环境维护、社区纠纷调解、老年人互助养老等社区公益活动。我国老年人社区志愿服务具有较好的现实基础，应加强这方面的政策创制，对老年人互助养老进行引导和规范，推行志愿服务记录制度，鼓励更多老年人参加志愿服务。

经验传真

四川省巴中市恩阳区花丛老年协会十分关心村里的老年弱势群体，把他们的事情当作头等大事来抓。协会成立了 30 个老年互助组，与空巢老人、留守老人签订了互助承诺书，实行同舟共济、抱团养老。他们制定了"四帮"原则，即低龄帮高龄、有家帮留守、富裕帮贫困、健康帮体弱。具体做法是：1."互留电话"，有紧急事电话联系；2."互邀游玩"，外出游玩，结伴而行，相互照应；3."互留动向"，老人外出，留下地名、出行线路、乘车信息、返回时间，如遇紧急情况方便查找；4."互帮家务、农活"，农忙季节互相帮助，形成一个团结互助的整体；5."代购生活用品"，老人需要什么生活用品，只要一打电话，协会联系派人帮助购买，并送货到家；6."代叫医生"，协会或互助组一旦接到老人生病的电话，立刻与医生联系，以便及时得到救治；7."代联子女"，一旦遇有重要事情，互帮人或协会立即帮助联系子女。

（五）规范老年社会组织

《老年法》第 66 条规定："老年人可以通过老年人组织，开展有益身心健康的活动。"我国有基层老年协会等老年群众组织，也有老科技工作者协会、老教授协会、老教育工作者协会、老医务工作者协会等专业性老年社会团体。作为老年人社会参与的平台，上述组织和团体都发挥了积极的作用。

在老年社会组织中，城乡社区老年协会数量最多，发挥的作用最为显著。城乡社区老年协会是老年人自我管理、自我教育、自我服务的老年群众组织，是基层老龄工作的重要组织载体，是党和政府联系广大老年群众的桥梁和纽带。截至"十二五"末，全国共建有城乡社区老年协会 55.4 万个。城乡社区老年协会的普遍建立，使老年人能更好地参与经济、政治、社会和文化活动。根据全国老龄办于 2015 年进行的国情调查，基层老年协会活动广受欢迎，在参加老年协会的老年人中，76.7％的老年人对老年协会组织的活动表示满意。

城乡社区老年协会在调解人际纠纷、美化社区环境、维护社区安全、关心教育下一代、提供社区服务等方面都做出了突出贡献，取得了良好效果。为鼓励和支持城乡社区老年协会更好地开展活动，充分发挥社区老年协会的平台功能，2012 年，全国老龄办下发了《加强基层老年协会建设的意见》；2014 年，全国老龄办印发了《基层老年协会建设"乐龄工程"实施方案》、《村（居）老年协会章程（示范文本）》；2015 年，全国老龄办与民政部联合下发了《关于进一步加强城乡社区老年协会建设的通知》。上述政策文件推动了城乡社区老年协会的发展，促进了城乡社区老年协会的规范化建设。今后，应进一步加强城乡社区老年协会的能力建设和规范化建设，巩固好这一老年人参与社会发展的阵地和平台。

（六）完善政策法规

目前，我国老年人社会参与政策的系统性、完备性还比较差。《老年法》对老年人社会参与的权利仅做出了原则性规定，还缺乏专门的配套政策。只是在老年教育、老年文化等领域的专项政策中对老年人的参与活动有所提及。可以说，目前我国对老年人的社会参与还缺乏总体的规划部署，老年人社会参与主要还停留在理念、意识阶段，现有政策的现实指导意义和可操作性都比较差，老年人社会参与行为缺乏引导和规范。

完善的政策法规是适老社会参与环境的重要组成部分，今后要在对老年人社会参与进行总体规划部署的基础上，有目标、分步骤完善老年社会参与的专项政策，最终建立相互联系、互为补充、有机统一的政策体系。要着力推出指导性强、能落地的政策。当务之急是制定积极老龄观培育、老年人力资源开发、老年人参与社会发展过程中的权益保护方面的政策。

第十二章　敬老社会文化环境

敬老孝亲是中华民族传统美德，也是社会文明进步的体现。从孔子强调"孝悌"乃"仁之本"到孟子提出"老吾老以及人之老"，由家庭的人伦道德扩展为一种社会公德的敬老文化，始终是中华文化历久弥新的永恒主题。习近平总书记在党的十九大报告中指出："积极应对人口老龄化，构建养老、孝老、敬老政策体系和社会环境，推进医养结合，加快老龄事业和产业发展。"新时代、新条件、新形势下，敬老社会文化是中国特色社会主义的有机构成，也是衡量我国社会主义精神文明水平的标尺之一。我们应按照党的十九大作出的战略部署，更加高度重视敬老文化传承，把弘扬孝亲敬老纳入社会主义核心价值观宣传教育，努力建设具有民族特色、时代特征的孝亲敬老文化。

一、怎样正确认识老年人和敬老文化？

敬老社会文化环境的建设，是建立在对老年人和敬老文化正确认识的基础上的。总体来说，我们应树立包容性理念，用全人群、全方位、全生命周期的视角，看待老年人和敬老文化，目标是共建一个不分年龄，人人共享的社会。

1. 老年人不是包袱是财富

"莫道桑榆晚，为霞尚满天"。广大老年人在年轻时期为国家、社会、家庭做出了很大贡献，今天国家的繁荣、社会的进步、家庭的和谐与发展，都与他们付出的心血和劳动密切相关，在他们进入老年期后理应享受到国家改革发展成果，理应得到家庭、社会对他们的关爱和照顾，他们的合法权益理应得到充分的保障。"家有一老，如有一宝"。广大老年人具有知识、经验、技能等很多优势，是社会主义现代化建设可以依靠和仍在依靠的一支重要力量。在社区服务和管理、关心教育下一代、维护老年人权益、调解邻里纠纷和家庭矛盾等方面，老年人发挥着不可替代的重要作用。当前我国老年人口仍以低龄老年人为主，60～70周岁老年人约有1.2亿，占老年人总数的一半多，其中很多仍然年富力强，可以有所作为。

2. 敬老不仅体现在物质上更体现在精神上

物质需求和精神需求是人类需求的两个基本方面，二者是相互联系、相互影响、相互促进的。随着人类的发展和社会的进步，精神需求较物质需求将更为强烈和重要，精神需求的满足程度和社会对人的精神需求的关注程度将成为影响人的生活质量和和社会发展的关键所在。在实际工作中，国家和社会一般在经济上对老年人特别是特殊困难老年人关注支持较多，老人子女大多也是以生活照料为主，但对老年人精神上的关注不多、关心关爱不够。空巢老年人目前已占老年人总数的近一半，"出门一把锁，进门一盏灯"是很多空巢老年人家庭的真实写照，关于老年人精神生活孤寂的新闻也不时见诸报端。如重庆一位老人以"没带钥匙"、"摔倒"为借口，一年拨打了1483次"110"；南京一位八旬老人趴在窗口喊"救命"，只为让儿子早点下班回家；70岁老人应聘保姆只为"想找人说话"。这些事例提醒我们，不但要做好"老有所养"的工作，更要在"老有所乐"上下功夫，重视老年人精神心理关爱，使老年人晚年更加幸福快乐。

3. 敬老社会文化环境不是专享是共享

弘扬敬老文化，直接受益的必然是广大老年人，但弘扬敬老文化同样对社会、家庭和其他群体具有积极正面的影响。敬老文化促进家庭和睦。"家和万事兴"。敬老可以使家庭亲密和谐、温馨幸福，是维系家庭正常运转、化解压力的重要元素；敬老文化促进代际和顺。敬老一直被我国公民视为做人最起码的道德标准，这种价值理念一定程度上利于消弭年轻人与老年人间的代沟，促进良性互动；敬老文化促进社会和谐。传统敬老文化中重根源、主和睦的精神，对于形成现代和谐人际关系，和睦社会风尚，起着溯宗归源的凝聚性作用，有利于实现人际关系和谐、邻里和谐、社区和谐等，是促进社会和谐稳定的重要文化因素。因此，从某种程度上说，"尊敬今天的老人，就是尊敬明天的自己"，"人人都敬老，社会更美好"。

4. 敬老社会文化环境不是特惠是补差

衰老是人类不可避免的自然规律。进入老年期后，老年人无论生理功能还是心理功能都会出现减退的情况。生理上，感觉器官功能下降、神经运动机能趋缓、记忆力衰退等；心理上，受社会角色变化和经济支配能力弱化的影响，易出现失落、自卑、怀旧等情绪。正因为老年人特殊的生理和心理特点，和年轻人相比，老年人是典型的"弱势群体"。一定意义上说，强调老年人福利和对老年人的照顾是老年人应享有的基本权利。因此，我们打造便利的生活环境、安全的出行环境、亲情的居住环境、完善的健康支持环境，就是消除老年人居住出行生活等各方面的障碍，尽量补齐老年人与年轻人在生理、心理上的差距和不足，使其尽可能生活独立、功能维持、社会融入，拥有健康的身心和独立的尊严。也正是这种基于对老年人基本权利的尊重，才构成了敬老社会文化的情感基础。

5. 敬老社会文化环境不是高配是标配

老年宜居环境建设是实实在在的民生工程，凝聚着百姓过上更好生活的诉求和期待。这种"民生温度"不仅仅体现在适老化改造等"硬环境"建设上，更反映在敬老社会文化等"软环境"改善上；不仅需要重"面子"，更需要重"里子"。在整个老年宜居环境建设过程中，敬老社会文化环境是核心和灵魂。如果缺少敬老孝亲的社会文化环境，那么物质环境也将失去了应有的意义和价值。因此，我们应将敬老社会文化环境建设放在老年宜居环境建设的重要位置，将"虚"功"实"做，把"软指标"变为"硬约束"，让老年群众切实感受到老年宜居环境建设带来的更多积极变化。

中国古代敬老名言警句

"人之行，莫大于孝。"　　　　　　　——《孝经》

"老吾老，以及人之老。""孝子之至，莫大乎尊亲。"

——孟子

"孝子之养老也，乐其心不违其志，乐其耳目，安其寝处，以其饮食忠养之，孝子之身终，终身也者，非终父母之身，终其身也。"

——《礼记·内则》

"谁言寸草心，报得三春晖。"　　——（唐）孟郊

"臣无祖母，无以至今日；祖母无臣，无以终余年。祖孙两人，更相为命。"

——（晋）李密

"子孝父心宽。"　　　　　　　——（宋）陈元靓

"百善孝为先。"　　　　　　　——（清）王永彬

二、如何推进敬老社会文化环境建设？

敬老社会文化环境建设涉及多个层面，我们应坚持目标导向，从全社会、社区、家庭、老年人四个层面发力，营造尊重、理解、关心和帮助老年人的社会环境与舆论氛围。

（一）社会层面

1. 加强老年人优待

《中华人民共和国老年人权益保障法》规定："县级以上人民政府及其有关部门根据经济社会发展情况和老年人的特殊需要，制定优待老年人的办法，逐步提高优待水平。"2013 年，全国老龄办等 24 部门出台《关于进一步加强老年人优待工作的意见》。2016 年

12 月，中央深改组第三十次会议审议通过了《关于制定和实施老年人照顾服务项目的意见》，并于 2017 年 6 月由国务院办公厅印发实施。各地积极落实国家有关老年人优待政策，普遍出台了老年人优待措施，使广大老年群众在出行、就医、旅游、购物、维权等方面享受到越来越多优先、优惠服务。在下一步工作中，各地应在将国家有关政策措施落到实处的基础上，结合本地实际，继续将老年人优待增容、提标、扩面。

增容就是要进一步增加老年人优待项目，使老年人在更多领域、更多项目上得到优待；提标就是要进一步提高优待项目的优惠标准，如，提高高龄津贴、护理补贴和养老服务补贴等标准，使老年人在更大幅度上得到优待；扩面就是进一步扩大享受优待的老年人范围，逐步对辖区所有 60 周岁以上老年人和外埠老年人进行政策开放，使所有老年群体都能享受到社会主义大家庭的温暖。同时，也要注意优待政策实施的可持续性，优先解决好困难、失能、"空巢"、高龄等老年人的优待问题，防止"过度福利化"和"泛福利化"。

权威声音

中央全面深化改革领导小组第三十次会议强调，制定和实施老年人照顾服务项目，要从我国国情出发，立足老年人服务需求，整合服务资源，拓展服务内容，创新服务方式，提升服务质量，让老年人享受到更多看得见、摸得着的实惠。要重点关注高龄、失能、贫困、伤残、计划生育特殊家庭等困难老年人的特殊需求。

2. 发展为老慈善事业

"慈善是人类之心所能领略到的最真实的幸福。"扶贫济困、乐善好施是中华民族的传统美德，践行公益、传递爱心也是现代社会的基本价值。2014 年，国务院印发了《关于促进慈善事业健康发展的指导意见》，对进一步加强和改进慈善工作提出了明确要求。

这是补齐社会建设"短板"、弘扬社会道德、促进社会和谐进步的重要举措，同时也是发展为老慈善事业的重要依据。

一方面，我们要发挥好慈善组织扶老作用。积极研究制定支持慈善组织参与老龄事业发展的政策文件，调动各类慈善公益力量参与为老服务的积极性。努力做好慈善需求信息和扶老助老项目的对接，发动引导慈善组织开展一批为老公益项目。要加强人口老龄化国情教育，强化全社会的人口老龄化意识和积极应对人口老龄化理念，吸引更多的公民和社会组织加入为老慈善公益活动中奉献爱心。另一方面，我们要大力培育为老慈善组织。落实和完善公益性捐资减免税、金融资本支持等优惠政策，引导企业、社会组织和个人创办为老慈善组织。积极推广创新为老公益创投等有效模式，实现资助方和受助方的合作双赢。加强对为老慈善组织的有效监管，提高为老慈善组织的公信力和透明度。

知识点

"创投"是创业投资的简称。公益创投是一种新型的公益伙伴关系和慈善投资模式，资助者与公益组织合作的长期性和参与性是"公益创投"的重要特征，它强调资助方与受资助方不再是简单的捐赠关系，更重要的是与被投资人建立长期的、深入参与的合作伙伴关系。这种合作伙伴关系带来的是双方的共赢：合作伙伴能够更快地成长，则资助者就更为有效率地达到了最初设定的社会目标。

---

3. 加强敬老主题宣传教育

宣传教育是老龄工作重要载体，也是促进形成全社会敬老爱老浓厚氛围的重要手段。我们要努力通过加强敬老主题宣传教育，促进形成全社会尊老敬老的社会共识和行为规范。

一要积极推进敬老文化进社区、进企业、进学校、进农村、进家庭。推动把敬老文化教育列为学校教育的重要内容，帮助儿童、青少年从小树立敬老意识，养成敬老习惯，使敬老之风世代相传。推动把尊老敬老列为评估公民道德诚信的重要指标，作为升学、择业、晋职、评优的重要依据。推动把敬老文化纳入社会公德和职业道德建设范畴，增强人们践行敬老道德要求和行为规范的社会责任感。

二要做好重要时间点的敬老宣传。要利用春节、清明节、中秋节、重阳节、老年节等重要节日，挖掘丰富的敬老爱老宣传教育资源，设立统一的宣传主题，开展创意新、影响大、样式多的宣传教育活动，宣传社会主义核心价值观，弘扬尊老敬老的传统美德。通过对敬老文化的大力宣传，使敬老文化的优良传统深入人心，家喻户晓，人人践行。

三要发挥好敬老模范的示范带动作用。多年来，各级老龄工作部门大力开展各类敬老孝亲典型的示范创建活动，国家层面有"敬老文明号"、"敬老爱老助老模范人物"等评选表彰活动，地方层面有"敬老模范集体"、"十佳敬老模范"、"十佳孝顺好儿女"等表彰活动，都取得了良好的社会反响。我们应继续发扬这种好传统好做法，旗帜鲜明弘扬真善美、传播正能量，通过广播、电视、报刊、网络等传播媒体，大力宣传尊老敬老、孝德高尚的先进典型，鼓励人们学习先进，形成尊老敬老、崇尚孝德的良好风尚。

（二）社区层面

1. 开展面向社区的敬老志愿服务

志愿服务是美好的道德行为和重要的道德实践。社区是家庭和社会的纽带，是老年人经常活动的主要场所。因此，开展面向社区的敬老志愿服务既是建设敬老社会文化环境的重要方面，也是对接老年人需求的最佳着力点。我们要大力弘扬"奉献、友爱、互助、进步"的志愿服务精神，推动志愿服务进社区。

首先，要做好社区老年人特别是各类特殊困难老年人情况的调查统计，建立台账，做到底数清、状况明、台账全，为困难老年人和志愿服务组织的顺利对接打下基础。

其次，引导社区志愿者重点对社区特殊困难老年人进行志愿服务，帮助他们解决实际困难。吸引专业社会工作者，针对独居、留守、失独、失能老年人进行精神关爱、心理疏导等专业服务和志愿服务。

再次，组织建立社区敬老志愿服务回馈制度，积极推广社区志愿服务"时间银行"、"互助服务"、"服务转换"等形式，促进社区敬老志愿服务常态化与可持续发展。

最后，要发挥新闻媒体传播社会主流价值的主渠道作用，对优秀的社区敬老志愿服务组织和个人进行宣传，积极营造有利于社区敬老志愿服务的舆论文化环境。

2. 依托社区有关组织开展为老服务

驻区党政部门、企事业单位、社会组织等具有直接联系广大老年人的优势，应该在为老服务上发挥更积极的作用。各地应探索多种有效形式，号召党政部门、事业单位党支部和党员干部，对社区困难老年人开展"1＋1"结对帮扶。依托社区物业服务企业为社区老年人提供便利化服务，提供文体休闲场所和相关服务。以政府购买服务的形式，支持各类社会组织开展社区为老服务，为社区老年人提供精细化、专业化、便利化服务。积极推进社区老年协会规范化建设，发挥老年协会在老年人权益维护、组织老年人文体活动、开展老年人互助服务方面的作用，促进老年人通过老年协会实现自我管理、自我教育、自我服务。

（三）家庭层面

1. 强化子女赡养义务

家庭是社会的细胞、是养老的第一居所，特别是家庭提供的精神慰藉、亲情关爱等是其他养老方式难以替代的，老人子女履行好赡养义务对老年人晚年幸福至关重要。

近年来，有部分地区老龄工作部门通过推动老年人子女签订家庭赡养责任书、孝心责任状等方式来督促子女履行赡养义务，得到了老年人的欢迎，取得了一定成效。在积极探索有效方式的同时，我们要着重增强老人子女履行赡养义务的自觉性、主动性。

首先，我们要在全社会加强感恩教育，培育良好家风，树立百行孝为先，孝为德之本的理念，让每一位公民都清楚地认识到自己肩上所承担的赡养父母、孝敬老人的责任，对父母做到物质上有赡养、精神上有慰藉、生活上有照料。

其次，要尽快研究出台家庭养老支持政策，统筹完善税收、住房、户籍、用工等制度，通过政策的刚性促进，为子女照顾父母提供便利条件，巩固家庭养老基础地位。

再次，进一步加大老年人维权工作力度，对侮辱、虐待、遗弃老年人等行为，要依法进行严惩，从法律上确保赡养义务的履行。

权威声音

家庭是社会的基本细胞，是人生的第一所学校。不论时代发生多大变化，不论生活格局发生多大变化，我们都要重视家庭建设，注重家庭、注重家教、注重家风，紧密结合培育和弘扬社会主义核心价值观，发扬光大中华民族传统家庭美德，促进家庭和睦，促进亲人相亲相爱，促进下一代健康成长，促进老年人老有所养，使千千万万个家庭成为国家发展、民族进步、社会和谐的重要基点。

——中共中央总书记习近平在 2015 年春节团拜会上的讲话

2. 促进代际和顺

"以身垂范而教子侄，不用诲言之谆谆也"，父母的一言一行都对子女有着非常重要的影响。父母在家庭中能够以身作则，践履孝德，对老人赡养、尊敬，子女耳濡目染，就能养成敬老、爱老的习惯，培养起敬老的良好道德。同样，子女或孙子女的生活习惯、行为方式、思维方式、价值观念以及对新事物的接纳和追求也会在一定程度上对父辈或祖辈带来一定的积极影响。我们要增强不同代际间的文化融合和社会认同，统筹解决各年龄群体的责任分担、利益调处、资源共享等问题，实现代际和谐和顺。

一是要加强孝道文化建设。加强法制建设和公民道德建设，以法促孝、以德促孝，保证孝道文化功能的充分发挥。二是要消除老年歧视。在全社会树立积极老龄观，消除基于年龄的任何歧视，改变全社会对老年人传统的负面看法和观点，重新认识老年人的价值，树立新的老年人正面形象。三是要强化代际交流互动。依托各类自治组织和社会组织，开展家庭集体参加的丰富多彩的文体活动，促进老人与子女的交流，增进老人与子女的感情。教育引导老人子女破除"啃老"思想，树立通过艰苦奋斗、勤奋工作，成就自我、超越父辈的雄心大志；教育引导老年人破除固执保守的观念，通过不断学习完善自己，做新时代知识老人。

（四）老年人层面

老年人不但是敬老社会文化环境建设的受益者，也是重要参与者。习近平总书记指出："要着力发挥老年人积极作用。要发挥老年人优良品行在家庭教育中的潜移默化作用和对社会成员的言传身教作用，发挥老年人在化解社会矛盾、维护社会稳定中的经验优势和威望优势，发挥老年人对年轻人的传帮带作用。要为老年人发挥作用创造条件，引导老年人保持老骥伏枥、老当益壮的健康心态和进取精神，发挥正能量，作出新贡献。"因此，建设敬老社会文化环境，要注重发挥老年人积极作用，倡导老年人自尊自立自强，鼓励老年人自愿量力、依法依规参与经济社会发展，实现自我价值。

一方面，要积极为老年人发挥作用创造条件。进一步破解制约老年人参与经济社会发展的法规政策束缚和思想观念障碍，调整目前不利于退休人员再就业的相关政策，消除部分行业的年龄歧视。积极开发老年人力资源，探索建立规范的退休人员再就业平台，系统开展职业培训、社会招聘、劳动保障等工作，并实施严格监管。

积极探索"少老人"帮扶"老老人"的有效机制。引导基层老年社会组织规范发展，为广大老年人在更大程度、更宽领域参与经济社会发展搭建平台、提供便利。

另一方面，要积极引导老年人发挥正能量。支持老年人积极参与基层民主监督、社会治安、公益慈善、移风易俗、民事调解、文教卫生、全民健身等工作。发挥老年人优良品行传帮带作用，支持老党员、老专家、老军人、老劳模、老干部开展关心教育下一代活动。深入开展"银龄行动"，组织医疗卫生、文化教育、农业科技等老专家、老知识分子参与东部援助西部、发达地区援助落后地区等志愿服务。推行志愿服务记录制度，鼓励老年人参加志愿服务。

三、敬老社会文化环境建设应注意的问题

在把握好敬老社会文化环境建设几方面着力点的同时，也要处理好建设过程中几方面的问题，使敬老社会文化环境建设达到最佳的效果。

（一）注重多元参与

敬老社会文化环境是一项涉及多领域、多层面、多要素的系统工程，靠任何单一方面的力量不可能完成，需要构建多方共建的推进体系，形成多元参与的发展格局。

要充分发挥政府在顶层设计、政策保障、舆论引导等方面的作用，着重做好困难老年人兜底保障，把敬老文化列为文化建设和老龄工作的重要内容，推动敬老文化理念创新和实践创新。发挥好社会组织和志愿团体敬老助老的重要补充作用，发挥专业优势，创新开展各类爱老助老活动，为老年人提供心理关爱和生活帮助。老年人家庭要发挥好弘扬敬老文化的基础作用，促进敬老文化的世代传承。老年人对敬老社会文化环境感同身受，在制定相关政策、开展相关活动过程中，要注重听取他们对敬老社会文化环境建设的意见

建议，使政策实施、活动开展更有针对性、实效性。

（二）让受助者有尊严

开展各种敬老助老活动固然是好事，但不注意方式方法，超过一定的限度，往往给受助老年人带来更多的是打扰，甚至老年人认为自己被当了"道具"。现实中，有些爱心组织、爱心活动，平时不发力，一到节假日便"铺天盖地"。这种井喷式献爱心如同走过场，没有温暖服务对象，只能让献爱心之人自己感动自己。爱心不应只在重要节日爆发，关爱老人不能只靠一朝一夕，重要的是要做在经常，做在日常。

此外，有些敬老政策措施不接地气，对有些老年人来说如同"天书"，使政策宣传、执行效果打了折扣。老年人是敬老文化环境建设的受益者，也是参与者，我们的一些政策措施，要让老年人不仅听得到、看得到，而且听得进去、看得明白。总之，把好事做好，需要的是有关部门持续的帮扶和规范管理，更需要掌握方法、付出真情。

典型案例

住在重庆市大渡口区一家养老院的王婆婆在接受媒体采访时表示，她当天已经被来献爱心的志愿者们掏了两次耳朵、梳了两次头。王婆婆已年逾古稀，住敬老院也已3年多了，"今年春节还好点，前年重阳节我一天要被梳四五次头，洗好几次脚，一拨人待一段时间，照几张照片后就走了"。

（《光明日报》2017年2月13日02版）

（三）推动社会良性互动

近期，有两条新闻报道发人深省，"阜阳22名老人参与种罂粟、制毒贩毒被判刑，最大82岁。"（2017年3月1日，中国网）

北京天坛公园公厕免费手纸频繁被拿，有老人拿袋装走。（《北京晚报》2017 年 3 月 1 日）此外，"好心扶跌倒老人被讹"、公交车让座纠纷等事件也屡屡发生，有些人感叹"不是老年人变坏了，而是坏人变老了"。这些案例都凸显了在大力弘扬敬老传统美德的同时，加强老年人法律意识和思想道德建设的重要性。

我国老年人的思想道德状况总体上是积极、健康、向上的，已经成为维护社会和谐稳定，践行社会主义核心价值和推动社会主义文化发展繁荣的坚定力量。同时，我们也应看到，老年人思想状况中还存在一些不容忽视的消极因素和负面影响。因此，亟须根据新时期老年人思想文化状况的新变化和新情况，进一步做好新形势下老年人思想政治工作，坚定广大老年人建设中国特色社会主义的理想信念，增强对改革开放和现代化建设的信心，引导老年人自觉贯彻执行党的路线、方针、政策，自觉遵纪守法。另一方面，要帮助广大老年人树立积极老龄化、健康老龄化的正确理念，保持自尊、自爱、自立、自强的精神，让他们以积极的态度和行动面对老年生活，发挥好在思想道德建设和社会和谐中的重要作用。

此外，要加强对老龄政策特别是老年人优待政策实施前和实施后的评估，优化政策实施方式，避免老龄政策特别是老年人优待政策实施对其他社会群体造成不必要的影响和困扰。

（四）注重典型示范引导

好的典型就是一根标杆，能起到引领和示范作用。国家将开展老年宜居环境建设示范工作，各地区应根据《关于推进老年宜居环境建设的指导意见》的部署，按照示范工作的具体要求，在做好"规定动作"的基础上，积极探索实施"自选动作"，创新开展一些老年人所需、所盼、所想的实事好事，并充分尊重发挥基层和群众首创精神，及时总结行之有效的工作经验，努力在全国形成一批可复制、可推广的好经验、好做法、好模式。

附　　录

中国共产党第十九次全国代表大会报告（节选）

三、新时代中国特色社会主义思想和基本方略

坚持人与自然和谐共生。建设生态文明是中华民族永续发展的千年大计。必须树立和践行绿水青山就是金山银山的理念，坚持节约资源和保护环境的基本国策，像对待生命一样对待生态环境，统筹山水林田湖草系统治理，实行最严格的生态环境保护制度，形成绿色发展方式和生活方式，坚定走生产发展、生活富裕、生态良好的文明发展道路，建设美丽中国，为人民创造良好生产生活环境，为全球生态安全作出贡献。

八、提高保障和改善民生水平，加强和创新社会治理

实施健康中国战略。人民健康是民族昌盛和国家富强的重要标志。要完善国民健康政策，为人民群众提供全方位全周期健康服务。深化医药卫生体制改革，全面建立中国特色基本医疗卫生制度、医疗保障制度和优质高效的医疗卫生服务体系，健全现代医院管理制度。加强基层医疗卫生服务体系和全科医生队伍建设。全面取消以药养医，健全药品供应保障制度。坚持预防为主，深入开展爱国卫生运动，倡导健康文明生活方式，预防控制重大疾病。实施食品安全战略，让人民吃得放心。坚持中西医并重，传承发展中医药事业。支持社会办医，发展健康产业。促进生育政策和相关经济社会政策配套衔接，加强人口发展战略研究。积极应对人口老龄

化，构建养老、孝老、敬老政策体系和社会环境，推进医养结合，加快老龄事业和产业发展。

九、加快生态文明体制改革，建设美丽中国

人与自然是生命共同体，人类必须尊重自然、顺应自然、保护自然。人类只有遵循自然规律才能有效防止在开发利用自然上走弯路，人类对大自然的伤害最终会伤及人类自身，这是无法抗拒的规律。

我们要建设的现代化是人与自然和谐共生的现代化，既要创造更多物质财富和精神财富以满足人民日益增长的美好生活需要，也要提供更多优质生态产品以满足人民日益增长的优美生态环境需要。必须坚持节约优先、保护优先、自然恢复为主的方针，形成节约资源和保护环境的空间格局、产业结构、生产方式、生活方式，还自然以宁静、和谐、美丽。

（一）推进绿色发展。加快建立绿色生产和消费的法律制度和政策导向，建立健全绿色低碳循环发展的经济体系。构建市场导向的绿色技术创新体系，发展绿色金融，壮大节能环保产业、清洁生产产业、清洁能源产业。推进能源生产和消费革命，构建清洁低碳、安全高效的能源体系。推进资源全面节约和循环利用，实施国家节水行动，降低能耗、物耗，实现生产系统和生活系统循环链接。倡导简约适度、绿色低碳的生活方式，反对奢侈浪费和不合理消费，开展创建节约型机关、绿色家庭、绿色学校、绿色社区和绿色出行等行动。

（二）着力解决突出环境问题。坚持全民共治、源头防治，持续实施大气污染防治行动，打赢蓝天保卫战。加快水污染防治，实施流域环境和近岸海域综合治理。强化土壤污染管控和修复，加强农业面源污染防治，开展农村人居环境整治行动。加强固体废弃物和垃圾处置。提高污染排放标准，强化排污者责任，健全环保信用评价、信息强制性披露、严惩重罚等制度。构建政府为主导、企业

为主体、社会组织和公众共同参与的环境治理体系。积极参与全球环境治理，落实减排承诺。

（三）加大生态系统保护力度。实施重要生态系统保护和修复重大工程，优化生态安全屏障体系，构建生态廊道和生物多样性保护网络，提升生态系统质量和稳定性。完成生态保护红线、永久基本农田、城镇开发边界三条控制线划定工作。开展国土绿化行动，推进荒漠化、石漠化、水土流失综合治理，强化湿地保护和恢复，加强地质灾害防治。完善天然林保护制度，扩大退耕还林还草。严格保护耕地，扩大轮作休耕试点，健全耕地草原森林河流湖泊休养生息制度，建立市场化、多元化生态补偿机制。

（四）改革生态环境监管体制。加强对生态文明建设的总体设计和组织领导，设立国有自然资源资产管理和自然生态监管机构，完善生态环境管理制度，统一行使全民所有自然资源资产所有者职责，统一行使所有国土空间用途管制和生态保护修复职责，统一行使监管城乡各类污染排放和行政执法职责。构建国土空间开发保护制度，完善主体功能区配套政策，建立以国家公园为主体的自然保护地体系。坚决制止和惩处破坏生态环境行为。

同志们！生态文明建设功在当代、利在千秋。我们要牢固树立社会主义生态文明观，推动形成人与自然和谐发展现代化建设新格局，为保护生态环境作出我们这代人的努力！

中华人民共和国老年人权益保障法（节选）

第六章　宜居环境

第六十条　国家采取措施，推进宜居环境建设，为老年人提供安全、便利和舒适的环境。

第六十一条　各级人民政府在制定城乡规划时，应当根据人口老龄化发展趋势、老年人口分布和老年人的特点，统筹考虑适合老年人的公共基础设施、生活服务设施、医疗卫生设施和文化体育设施建设。

第六十二条 国家制定和完善涉及老年人的工程建设标准体系，在规划、设计、施工、监理、验收、运行、维护、管理等环节加强相关标准的实施与监督。

第六十三条 国家制定无障碍设施工程建设标准。新建、改建和扩建道路、公共交通设施、建筑物、居住区等，应当符合国家无障碍设施工程建设标准。各级人民政府和有关部门应当按照国家无障碍设施工程建设标准，优先推进与老年人日常生活密切相关的公共服务设施的改造。无障碍设施的所有人和管理人应当保障无障碍设施正常使用。

第六十四条 国家推动老年宜居社区建设，引导、支持老年宜居住宅的开发，推动和扶持老年人家庭无障碍设施的改造，为老年人创造无障碍居住环境。

"十三五"国家老龄事业发展和养老体系建设规划（节选）

国发〔2017〕13号

第七章　推进老年宜居环境建设

第一节　推动设施无障碍建设和改造

严格执行无障碍环境建设相关法律法规，完善涉老工程建设标准规范体系，在规划、设计、施工、监理、验收、运行、维护、管理等环节加强相关标准的实施与监督。加强与老年人自主安全地通行道路、出入相关建筑物、搭乘公共交通工具、交流信息、获得社区服务密切相关的公共设施的无障碍设计与改造。加强居住区公共设施无障碍改造，重点对坡道、楼梯、电梯、扶手等公共建筑节点进行改造。探索鼓励市场主体参与无障碍设施建设和改造的政策措施。

第二节　营造安全绿色便利生活环境

在推进老旧居住（小）区改造、棚户区改造、农村危房改造等工程中优先满足符合住房救助条件的老年人的基本住房安全需求。加强对养老服务设施的安全隐患排查和监管。加强养老服务设施节能宜居改造，将各类养老机构和城乡社区养老服务设施纳入绿色建筑行动重点扶持范围。推动老年人共建共享绿色社区、传统村落、美丽宜居村庄和生态文明建设成果。支持多层老旧住宅加装电梯。引导、支持开发老年宜居住宅和代际亲情住宅。继续推进街道、社区"老年人生活圈"配套设施建设，为老年人提供一站式便捷服务。

第三节　弘扬敬老养老助老的社会风尚

把敬老养老助老纳入社会公德、职业道德、家庭美德、个人品德建设，纳入文明城市、文明村镇、文明单位、文明校园、文明家庭考评。利用春节、清明节、中秋节、重阳节等传统节日，开展创意新、影响大、形式多的宣传教育活动，推动敬老养老助老教育进学校、进家庭、进机关、进社区。继续开展"敬老月"和全国敬老爱老助老评选表彰活动。推进非本地户籍常住老年人与本地户籍老年人同等享受优待。到 2020 年，老年人优待制度普遍建立完善。

国务院办公厅关于制定和实施老年人
照顾服务项目的意见（节选）

国办发〔2017〕52 号

推进老年宜居社区、老年友好城市建设。提倡在推进与老年人日常生活密切相关的公共设施改造中，适当配备老年人出行辅助器具。加强社区、家庭的适老化设施改造，优先支持老年人居住比例高的住宅加装电梯等。

关于全面放开养老服务市场提升养老
服务质量的若干意见（节选）

国办发〔2016〕91 号

三、大力提升居家社区养老生活品质

（八）提高老年人生活便捷化水平。

通过政府补贴、产业引导和业主众筹等方式，加快推进老旧居住小区和老年人家庭的无障碍改造，重点做好居住区缘石坡道、轮椅坡道、公共出入口、走道、楼梯、电梯候梯厅及轿厢等设施和部位的无障碍改造，优先安排贫困、高龄、失能等老年人家庭设施改造，组织开展多层老旧住宅电梯加装。支持开发老年宜居住宅和代际亲情住宅。各地在推进易地扶贫搬迁以及城镇棚户区、城乡危房改造和配套基础设施建设等保障性安居工程中，要统筹考虑适老化设施配套建设。

关于推进老年宜居环境建设的
指导意见（全文）

全国老龄办发〔2016〕73 号

各省、自治区、直辖市及计划单列市、新疆生产建设兵团老龄办、发展改革委、教育厅（委、局）、科技厅（局）、工业和信息化主管部门、公安厅（局）、民政厅（局）、司法厅（局）、财政厅（局）、人力资源社会保障厅（局）、国土资源厅（局）、住房城乡建设厅（局）、交通运输厅（局、委）、商务主管部门、文化厅（局）、卫生计生委（局）、国家税务局、地方税务局、新闻出版广电局、体育局、旅游委（局）、保监局、总工会、团委、妇联、残联：

为改善老年人生活环境，提升老年人生活生命质量，增强老年人幸福感、获得感，根据《中华人民共和国老年人权益保障法》，现就加强老年宜居环境建设，提出如下指导意见。

一、重要意义

近年来，各地区、各有关部门在推进老年宜居环境建设，改善老年人居住、生活和社会文化环境等方面进行了积极探索，取得了明显成效，但在老年人居住、出行、就医、养老以及社会参与等方面依然存在着不适老、不宜居的问题。随着我国人口老龄化的快速发展和新型城镇化进程的不断加快，公共基础设施与老龄社会要求之间不适应的矛盾将日益凸显。推进老年宜居环境建设有利于增进老年民生福祉，有利于促进经济发展、增进社会和谐，有利于有效应对人口老龄化挑战，是开展积极应对人口老龄化行动的重要举措，也是扩大内需、拉动消费、促进经济增长的重要措施，对推动老龄事业全面协调可持续发展具有重要意义。

二、基本原则和发展目标

（一）基本原则

——理念引领，规划先行。在经济社会发展中，要综合考虑人口老龄化的影响，树立适老宜居新理念。将老年宜居环境建设纳入国民经济和社会发展规划、城乡规划及相关专项规划，加强前瞻性规划和安排，以规划带动老年宜居环境建设工作的全面开展。

——城乡统筹，突出重点。统筹兼顾，全面推进，促进城乡老年宜居环境建设协调发展。树立问题导向，聚焦城乡社区老年宜居环境建设的重点领域和薄弱环节，集合运用保障民生的各方面资源，创新供给方式，提升资源使用效率，优先解决老年人生活环境中存在的突出问题。

——多元参与，共建共享。引导市场、社会、家庭、个人多元参与，形成合力，发挥财政资金撬动功能，创新公共基础设施投融资体制，推广政府和社会资本合作模式。弘扬孝亲美德，塑造敬老风尚，促进代际和谐，使人人既是老年宜居环境建设工作的参与者，又是建设成果的受益者。

——改革创新，注重实效。既要加强顶层设计，又要尊重群众首创精神，积极推进老年宜居环境建设的理论创新、实践创新和制度创新。鼓励各地立足实际，创新实现方式，建立长效机制，形成地方特色。

（二）发展目标

到 2025 年，安全、便利、舒适的老年宜居环境体系基本建立，"住、行、医、养"等环境更加优化，敬老养老助老社会风尚更加浓厚。

——老年宜居环境理念普遍树立，老年群体的特性和需求得到充分考虑，形成人人关注、全民参与老年宜居环境建设的良好社会氛围。

——老年人保持健康、活力、独立的软硬件环境不断优化，适宜老年人的居住环境、安全保障、社区支持、家庭氛围、人文环境持续改善。

——老年人融入社会、参与社会的障碍不断消除，老年人信息交流、尊重与包容、自我价值实现的有利环境逐渐形成。

——各地普遍开展老年宜居环境建设工作，形成一批各具特色的老年友好城市、老年宜居社区。

三、重点任务

根据现阶段老年人在日常生活和社会参与等方面存在的不适老、不宜居的问题，今后一个时期老年宜居环境建设的重点任务是建设适老居住、出行、就医、养老等的物质环境和包容、支持老年人融入社会的文化环境。

（一）适老居住环境

1. 推进老年人住宅适老化改造。建立社区防火和紧急救援网络，完善老年人住宅防火和紧急救援救助功能，鼓励发展老年人紧急呼叫产品与服务，鼓励安装独立式感烟火灾探测报警器等设施设备。对老年人住宅室内设施中存在的安全隐患进行排查和改造，有条件的地方可对于特困老年人家庭的改造给予适当补助。引导老年人家庭对日常生活设施进行适老化改造。

2. 支持适老住宅建设。 在城镇住房供应政策中，对开发老年公寓、老少同居的新社区和有适老功能的新型住宅提供相应政策扶持。鼓励发展通用住宅，注重住宅的通用性，满足各年龄段家庭成员，尤其是老年人对居住环境的必要需求。在推进老（旧）居住（小）区、棚户区、农村危房改造中，将符合条件的老年人优先纳入住房保障范围。加大对住宅小区消防安全保障设施建设力度，完善公共消防基础设施建设。

（二）适老出行环境

3. 强化住区无障碍通行。 加强老年人住宅公共设施无障碍改造，重点对坡道、楼梯、电梯、扶手等公共建筑节点进行改造，满足老年人基本的安全通行需求。加强对《无障碍环境建设条例》的执法监督检查，新建住宅应严格执行无障碍设施建设相关标准，规范建设无障碍设施。

4. 构建社区步行路网。 遵循安全便利原则，加强社区路网设施规划与建设，加强对社区道路系统、休憩设施、标识系统的综合性无障碍改造。清除步行道路障碍物，保持小区步行道路平整安全，严禁非法占用小区步行道。

5. 发展适老公共交通。 加强城市道路、公共交通建筑、公共交通工具的无障碍建设与改造。继续落实老年人乘车优惠政策，不断扩大优惠覆盖范围和优惠力度，改善老年人乘车环境，按规定设置"老幼病残孕"专座，鼓励老年人错峰出行。完善公共交通标志标线，强化对老年人的安全提醒，重点对大型交叉路口的安全岛、隔离带及信号灯进行适老化改造。

6. 完善老年友好交通服务。 有条件的地区，要在机场、火车站、汽车站、港口码头、旅游景区等人流密集场所为老年人设立等候区域和绿色通道，加大对老年人的服务力度，提供志愿服务，方便老年人出行。乘务和服务人员应为老年人提供礼貌友好服务。

（三）适老健康支持环境

7. 优化老年人就医环境。加强老年病医院、护理院、老年康复医院和综合医院老年科建设，推进基层老年医疗卫生服务网点建设，积极推进乡镇卫生院和村卫生室一体化管理，为老年人提供便利的就医环境。推进基层医疗卫生机构和医务人员与社区、居家养老结合，与老年人家庭建立签约服务关系，为老年人提供连续性的社区健康支持环境。鼓励医疗卫生机构与养老机构开展对口支援、合作共建，支持养老机构开展医疗服务，为入住老年人提供无缝对接的医疗服务环境。

8. 提升老年健康服务科技水平。开展智慧家庭健康养老示范应用，鼓励发挥地方积极性开展试点，调动各级医疗资源、基层组织以及相关养老服务机构、产业企业等方面力量，开展健康养老服务。研究制定鼓励性政策引导产业发展，鼓励运用云计算、大数据等技术搭建社区、家庭健康服务平台，提供实时监测、长期跟踪、健康指导、评估咨询等老年人健康管理服务。发展血糖、心率、脉搏监测等生物医学传感类可穿戴设备，开发适用于基层医疗卫生机构和社区家庭的各类诊疗终端和康复治疗设备。

（四）适老生活服务环境

9. 加快配套设施规划建设。在市政建设中，统筹考虑，统一规划，同步建设涉老公共服务设施，增强老年人生活的便利性。鼓励综合利用城乡社区中存量房产、设施、土地服务老年人，优化老年人居家养老的社区支持环境，养老机构、日间照料中心、老年人就餐点、老年人活动中心等各类生活服务设施与社区相关配套设施集约建设、资源共享。

10. 加强公共设施无障碍改造。按照无障碍设施工程建设相关标准和规范，加强对银行、商场、超市、便民网点、图书馆、影剧院、博物馆、公园、景区等与老年人日常生活密切相关的公共设施的无障碍设计与改造。鼓励公共场所提供老花镜、放大镜等方便老年人阅读的物品，有条件的可配备大字触屏读报系统，使公共设施更适合老年人使用。

11. 健全社区生活服务网络。扶持专业化居家养老服务组织，不断开发服务产品、提高服务质量。广泛发展睦邻互助养老服务。依托社区自治组织，发挥物业管理企业及驻区单位的积极作用，向有需求的老年人提供基本生活照料等多种服务。发挥各类志愿服务组织的积极作用，引导社会各界开展多种形式的助老惠老志愿服务活动。

12. 构建适老信息交流环境。进行信息无障碍改造，提升互联网网站等通信设施服务老年群体的能力和水平，全面促进和改善信息无障碍服务环境，消除老年人获取信息的障碍，缩小"数字鸿沟"。

13. 加强老年用品供给。着力开发老年用品市场，重点设计和研发老年人迫切需求的食品、医药用品、日用品、康复护理、服饰、辅助生活器具、老年科技文化产品。推进适宜老年人特点的通用产品及实用技术的研发和推广。严格老年用品规范标准，加强监督管理。

14. 大力发展老年教育。结合多层次养老服务体系建设，改善基层社区老年人的学习环境，完善老年人社区学习网络。建设一批在本区域发挥示范作用的乡镇（街道）老年人学习场所和老年大学，努力提高老年教育的参与率和满意度。

（五）敬老社会文化环境

15. 营造老年社会参与支持环境。树立积极老龄观，倡导老年人自尊自立自强，鼓励老年人自愿量力、依法依规参与经济社会发展，改善自身生活，实现自我价值。以积极的态度看待老年人，破解制约老年人参与经济社会发展的法规政策束缚和思想观念障碍，积极拓展老年人力资源开发的渠道，为广大老年人在更大程度、更宽领域参与经济社会发展搭建平台、提供便利。

16. 弘扬敬老、养老、助老社会风尚。 全社会积极开展应对人口老龄化行动，弘扬敬老、养老、助老社会风尚。开展"敬老养老助老"主题教育活动，弘扬中华民族孝亲敬老传统美德。开展老龄法律法规普法宣传教育，增强全社会依法保护老年人合法权益的意识，反对和打击对老年人采取任何形式的歧视、侮辱、虐待、遗弃和家庭暴力，引导律师、公证、基层法律服务所和法律援助机构深入开展老年人法律服务和法律援助工作。

17. 倡导代际和谐社会文化。 巩固经济供养、生活照料和精神慰藉的家庭养老功能，完善家庭支持政策。加强家庭美德教育，开展寻找"最美家庭"活动和"好家风好家训"宣传展示活动。引导全社会增强接纳、尊重、帮助老年人的关爱意识，增强不同代际间的文化融合和社会认同，统筹解决各年龄群体的责任分担、利益调处、资源共享等问题，实现家庭和睦、代际和顺、社会和谐，为老年人创造良好的生活氛围。

四、保障措施

（一）加强组织领导。 老年宜居环境建设是一项跨领域、跨部门的战略性系统工程。加强老年宜居环境建设，既关乎当前，又关乎长远。各地区、各有关部门要充分认识推进老年宜居环境建设的重要意义，加强组织领导，健全工作机制，强化部门协同，制定具体的实施方案，确立基本目标和主要任务，明确责任，切实抓好落实。

（二）加强规划统筹。 充分考虑人口老龄化发展因素，根据人口老龄化发展趋势、老年人口分布和老年人的特点，在制定城乡规划中综合考虑适合老年人的公共基础、公共安全、生活服务、养老服务、医疗卫生、教育服务、文化体育等设施建设，提高规划编制的科学性、前瞻性、适老性。

（三）加强政策支持。 各地区、各有关部门要运用更加灵活务实的财政政策，依法落实税收政策，统筹政府资金、社会资本、集体收入及产业基金等，鼓励社会资本参与老年宜居环境建设。鼓励金融机构面向老年宜居环境重点工程开发相关金融产品和服务。对免费或优惠向老年人开放的公共服务设施，按照有关规定给予财政补贴。加大养老用地政策落实力度，支持老年宜居环境建设。

（四）加强示范引导。组织开展老年友好城市、老年宜居社区示范活动。鼓励有条件的地方结合本地实际，选择不同类型的城市（社区），积极稳妥地开展老年宜居环境建设示范工作。示范地区要制定具体的实施方案，明确工作分工，落实工作责任，合理配置资源，加大财力保障，营造良好政策环境，积极推进建设工作的落实。中央和国家机关有关部门要加强对地方老年宜居环境建设示范工作的指导，及时制定完善相关配套政策。条件成熟的示范城市，可纳入全球老年友好型城市网络平台。

（五）加强宣传推广。要组织新闻媒体，加大宣传工作力度，宣传老年宜居环境建设的重要意义，宣传老年宜居环境建设的新理念，宣传老年宜居环境建设的优秀典型和先进经验，使老年宜居环境建设理念深入人心。积极利用全球老年友好型城市网络等平台，拓展与其他国家和相关国际组织的交流，开展老年友好型城市、老年宜居社区建设等多领域、多形式的交流合作。

后 记

　　为更好推动老年宜居环境建设工作，普及基本理念和关键技术要点，指导地方建设实践，为社会各界了解情况、交流学习、参与建设和促进提升提供实用参考，按照深入浅出、通俗易懂的原则，特组织相关行业专家编写了《老年宜居环境建设知识读本》，共十二章和一个附录，第一章到第三章侧重政策理论介绍，对国际老年友好城市建设理念框架，我国老年宜居环境建设的政策和实践发展历程进行了系统介绍。第四章到第十二章分别涉及居住、出行、健康支持、生活服务等物质环境和敬老爱老社会文化环境，围绕概念定义、现存问题、建设重点、建设指导等方面进行阐述，并在行文中融入政策解读、具体案例和实践经验内容，方便理解和参考应用。附录则收集了相关具有指导性的政策法规及文件。

　　本读本各章作者如下：第一章，伍小兰、赵新阳；第二章，赵新阳、伍小兰；第三章 周宏；第四章，王羽、余漾；第五章，秦岭；第六章，李佳婧、贾敏；第七章，段进宇、陈一铭、王羽、刘浏、尚婷婷；第八章，伍小兰、李华、王羽；第九章，毛勇、罗椅民、李锦全；第十章，伍小兰、曲嘉瑶；第十一章，李晶、罗晓晖；第十二章，赵建国。全书由伍小兰统稿。

　　本读本在编写过程中，得到了各方支持。王贺、赵晓征、邵磊、于一凡、陶春静、张铁梅、丁志宏、姚远等专家及清华大学建筑学院周燕珉工作室为本书的编制提出了诸多宝贵意见和建议，在此一并致谢。本书虽然经过了较充分的准备、讨论、审查和修改，但由于老年宜居环境建设相关理论和实践尚在不断发展当中，加之编者水平和时间所限，本书难免存在疏漏与错误之处，敬请广大读者提出宝贵意见和建议。